科学发现之旅

生物的质能

陈积芳——主编　　周 戟 等——著

上海科学技术文献出版社
Shanghai Scientific and Technological Literature Press

图书在版编目（CIP）数据

生物的质能 / 周戟等著 . —上海：上海科学技术文献出版社，2018

（科学发现之旅）

ISBN 978-7-5439-7686-3

Ⅰ.①生… Ⅱ.①周… Ⅲ.①生物能源—普及读物 Ⅳ.①TK6-49

中国版本图书馆 CIP 数据核字 (2018) 第 159541 号

选题策划：张　树
责任编辑：王　珺
助理编辑：朱　延
封面设计：樱　桃

生物的质能
SHENGWU DE ZHINENG
陈积芳　主编　周　戟　等著
出版发行：上海科学技术文献出版社
地　　址：上海市长乐路 746 号
邮政编码：200040
经　　销：全国新华书店
印　　刷：常熟市华顺印刷有限公司
开　　本：650×900　1/16
印　　张：14
字　　数：134 000
版　　次：2018 年 8 月第 1 版　2018 年 8 月第 1 次印刷
书　　号：ISBN 978-7-5439-7686-3
定　　价：32.00 元
http://www.sstlp.com

目　录

欲与化学火箭试比高——离子推进机

2004 年 11 月，格林尼治时间 15 日 17 点 45 分，在经过漫长的约 13 个月的飞行后，欧洲第一个月球探测器"智慧 1 号"终于顺利地进入了环月球轨道。预计 2005 年年初开始将向地球传送月球表面的各种观测数据……

月球探测器发射已有相当数量，但"智慧 1 号"在推进系统中首次采用了全新的太阳能氙离子发动机作为火箭推进的动力。所谓太阳能氙离子发动机，它是利用太阳能帆板产生的电能把惰性气体氙原子电离，然后向后喷射出高速离子，把推进剂的化学能转变为热能，经喷管加速转化为喷射燃气流的动能，产生巨大的推力，完全有别于以前的火箭发动机。若两者相比较，氙离子发动机的效率要比普通化学能发动机高出 10 倍，这样只需携带很少的能量就能发射升空，可以让出更多的空间

▲ 离子推进器局部

来装载探测仪器。据介绍，这种离子发动机所携带的燃料只占探测器总重量的 20%，而使用其他类型的发动机，费用至少要高出 3 倍。

目前的离子推进器推力都比较小，包括美国航空航天局和休斯公司制造的"深空 1 号"探测器中的推进器，要将它们用于星际航行是难以实现的。为此，美国航空航天局正在研制大功率长寿命的离子推进器，其中一个是由格伦研究中心牵头，波音等公司电动力学部参加的高功率离子推进研制组，目标是研制栅极式离子推力器，具有高功率大推力。另一个是核电氙离子推进研制组，由喷气推进实验室牵头，波音等公司电动力学部参加的采用先进的碳-碳栅极和储存式空心阴极等新技术，目标也是研制出高功率大推力的离子推进器。

等离子体推进器，是利用带电粒子的运动来产生推力的航天器用发动机。其中有霍尔效应推进器、磁等离子体推进器和脉冲等离子体推进器。

在明白什么是霍尔效应推进器之前，先介绍一下什么是霍尔效应。如果在两块金属板之间加上电场（即一块和电池的正极相连，另一块和电池的负极相连），并让带电粒子在金属板之间流过，同时再加一个与金属板相垂直的磁场，这样带电粒子就会一面前进一面围绕前进方向做圆周运动，而不会很快被吸引到金属板上去。如此，等离子体中的带电粒子就会与其中未电离的原子发生碰撞而导致电离，从而大大提高了等离子体的电离度（即被电离原子的比例）。若用电场将这种电离度比较高的等离子体加速，就会得到比离子推进器更大的推力，这也就是霍尔效应推进器的基本特点。

▲ 技术人员在为"深空 1 号"探测器所用的离子推进器进行检查

俄罗斯科学家已经将霍尔效应推进器应用于卫星轨道控制上。1994 年以来，又有 8 颗地球静止轨道卫星上装备了霍尔效应推进器，累计在卫星上使用霍尔效应推进器已达 64 台，而在"快讯 -11"卫星上单台推进器的工作时间已超过 1 500 小时。美国的科学家们正在致力于高性能霍尔推进器、高电压霍尔加速器的研究，如格伦研究中心等公司已完成"霍尔加速器（高电压）"中以氙为工质的 NASA-457M 霍尔推进器的初步试验，Busek公司正在研制以铋为工质的高性能霍尔推进器，以期将这种技术应用到行星际探测中去。

所谓磁等离子体推进器，是将等离子体的能量提高，使其以较高的速度运动，这样，等离子体中的运动电子将产生很强的磁场。这时，等离子体本身就会在电子产生磁场的作用下被加速到很高的速度，这种高速离子流可以产生很大的推力。利用这个原理设计的推进器就称为磁等离子推进器。从理论上讲，磁等离子体推进器的性能应优于上述推进器，而且能将等离子体加速到每秒40千米以上。若用安装了这种推进器的飞船送航天员去火星，所携带的燃料只需常规化学燃料的三十分之一就足够了。目前美国、日本和一些欧洲国家正在积极研制之中，不过要飞到距太阳系最近的比邻星的时间也要 2.5 万年。

脉冲等离子体推进器已在美国 EO-1 卫星上使用，并且工作一直正常。卫星在拍摄"暗图像"时，该推进器可以精确控制卫星的俯仰，从而防止对卫星上电子设备产生干扰和对光子仪器造成污染。格伦研究中心还在继续改进该推进器的储能技术，而另有一些公司则正在积极开发更先进的共轴脉冲等离子推进器。

等离子体的形

▼ 已装在"深空 1号"探测器中的离子推进器

成是这样的：核聚变用燃料为氘与氚，为使氘氚进行核聚变，可以通过气体高压放电，或使用高频交变电场。这同时也就形成了等离子体。这些局部等离子体可以导电，进一步使用直流电或低频交流电达到深度电离。当核聚变装置实现正常运转后，该装置中产生的极高温就足以电离所有的氘和氚，从而形成完全的等离子体。如果将等离子体进行加热，也将产生极高的温度。目前，加热的方法有欧姆加热法，即用大电流通过等离子体加热；波加热法，即将波的能量射入等离子体中去，如射频波加热、电子回旋共振加热等；中性束注入加热法，往往只需一小束就能提供足够加热等离子体的能量。

（吴　沅）

广袤宇宙有能量——引力场能源

宇宙中有能场吗?

从目前的研究测试结果来分析,应该说有!电磁场、基本粒子场等是能场,引力场也是能场。正是在引力场的作用下物体有了惯性,宇宙飞船需要动力能源进行加速和减速,就是为了克服惯性。引力的无形之线把我们和宇宙间的每一个星球以及星际都连在了一起,即使是那些离我们十分遥远的星系也会施加引力。当然,我们也在吸引它们,任何物体都不能摆脱引力的影响,引力的测定值目前已能精确到小数点后 5 位。

宇宙中引力场的发现并非一帆风顺。首先引起科学家们注意的是,

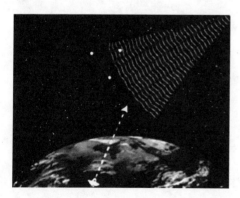

▼ 引力波观察台与地面观测站协同观测引力波

1972 年发射升空的至今已离地球约 128 亿千米的"开拓者 10 号"，从它发回的微弱信号中出现了一种令人不解的现象：对万有引力定律"开拓者 10 号"已不再起作用，"开拓者 10 号"的飞行速度明显减慢，似乎它飞得越远，太阳对它的引力越大，这种奇怪的现象同样出现在 1973 年发射的"开拓者 11 号"身上。有证据表明，

▲ 用引力波观测台探测星系中央的引力波

相同的现象也发生在另外的太空探测器上，如已经绕太阳运转了 13 年的"尤利西斯号"和 2003 年 9 月刚进入木星大气层的"伽利略号"等。

经过研究实验，物理学家米尔格龙认为，地球上的万有引力定律不适用于整个星系空间。科学工作者麦高则确认在宇宙空间中存在引力。太阳系中的所有星球向银河系中央运动时会产生微小的加速度，约为在地球上感受到的引力的千亿分之一。不要小看了这微不足道的加速度，最终竟造成万有引力定律的改变。米尔格龙将这一百亿分之一米的加速度取名为 α_0，并将这一发现称为"MOND"，意思为对牛顿力学的修正，运用"MOND"理论还能解开"开拓者 10 号"和"开拓者 11 号"以及其他太空探测器出现怪现象之谜。天文学家约翰·安德森和 5 位同事在潜心研究了太空探测器出现的反常状况后，得出的结论是太空探测器所获得的加速度和"MOND"预测的完全一致，也正是在宇宙引力的作

用下获得了 α_0 加速度。米尔格龙甚至认为，即使宇宙飞行器以零速度出发，在 α_0 加速度作用下，历经漫长的飞行时间，航天器的速度也将有可能达到光速。这就是说，宇宙中存在引力场，宇宙飞行器可以借助宇宙本身的场能，实现宇宙航行。

问题是如何利用引力场能进行宇宙航行？

有一种解释引力的理论，认为引力是引力子形成的。有引力子就会有反引力子，反引力子也可以形成反引力场，如果我们在宇宙飞行器上形成一个反引力场，用它去对抗引力场，一旦达到场能相等，宇宙飞行器就失去了惯性。这样，即使用很小很小的一点动力，也可使宇宙飞行器在很短很短的时间内迅速达到接近光速的速度。由于时间效应的作用，宇宙飞行器在达到光速后，时间几乎停摆，到任何遥远的星系去，都是一瞬间的事。也由于飞行器失去了惯性，任凭飞行器如何加速，宇航员也不会感到超重，免去了超重带来的不适应。

对利用引力场进行宇宙航行还有一种解释，就是在宇宙飞行器的周围，用反引力场设置五面引力屏蔽墙，只在飞行器飞行的方向留下一面缺口，让宇宙飞行器仅在这个方向的引力场起作用，迅速飞向目的地，这被称为"引力屏蔽飞行"。

宇宙航行的根本目的是要用最短的时间去跨越最大的空间。而宇宙本身就是时间和空间的统一体。爱因斯坦就曾经将引力场转化成时空连续的几何体系，同时将前面提到过的电磁场和基本粒子场转化成这种形式，建立统一场理论。在这种统一场中，引力场、电磁场、基本粒子场只是一种特殊的表现形式，就像气、液、固三态是水的不同表现形式一样。

目前，统一场理论还没有建立起来，但科学家们已经希望能利用统一场理论，寻找到宇宙航行动力源的新思路，"场共振推进"就是其中之一：研究者们认为时间、能量、振荡频率三者是紧密联系的，当处在宇宙的不同地点，它们的能量和振荡频率、谐波特性均不相同。根据这个思路，如果让相距遥远的两个地点的振荡频率和谐波特性是相同的，它们之间就可能会形成一条时空通道。有了这种通道，两地的来往就能在瞬间实现。比如我们想到仙女座星系去，只要在宇宙飞行器出发地点产生一种振荡谐波，使它与仙女座现时的谐波特性相同而引起共振，那么一条时间通道就会出现，到仙女座星系去瞬间就可到达，否则我们就是穷其几个毕生岁月，也只能望仙女座星系兴叹！这种宇宙航行的动力源就是振荡频率，与电视机、收音机的频率有些相像，只要频率调对了，节目就能被收到。对于宇宙航行来说，只要甲乙两地的振荡频率合拍了、共振了，瞬时到达彼岸的时间通道也就铺设在我们的脚下了，只需举步实施。

（吴　沅）

唾手可得的可再生能源——生物质能

随着现代工业的发展，人类对能源的需求量越来越大。20 世纪前半期，煤炭是能源的主角。从 1967 年开始，石油超过煤炭成为人类的第一能源，以后又有天然气的应用。然而，煤炭、石油和天然气的储量都有限。为了克服能源危机，除了继续探查煤和石油资源外，就是开发新能源和各种辅助能源。然而，开发新能源，如太阳能、地热能、核聚变能等最有希望的新能源的开发，还有待于科学技术的进一步发展，大规模的商业化应用估计还需要 20 ～ 40 年。在此青黄不接的时期，为维持可持续发展，科学家和工程师们便在诸多辅助能源上下功夫。其中，生物质能便是主要的辅助能源，而且正从辅助能源向替代能源发展。

生物质能是人类最早利用的能源。人们烧的柴薪、秫秸、木材、牛粪之类都属生物质能。因此也可以说，除了煤和石油等矿物燃料外，凡是可以作燃料的植物、微生物，甚至动物产生的有机物质都可以划为生物质能。例如，农作物和农业产生的有机残余物，树木和森林工业产生的废料；动物的粪便；江河和湖泊中的沉积物及农副产品加工产生的有机废料、废水；城市生活垃圾等都是生物质能的资源。此外，藻类等水生植物和可以进行光合作用的微生物，也是可以开发利用的生物质能。

生物质能又称"绿色能源"，是指通过植物的光合作用而将太阳辐射的能量以一种生物质形式固定下来的能源。生物质能的应用，有不同的形式，可以将树木、干草、秸秆等直接作燃料，也可以通过一定的方式将生物质能转化为沼气、乙醇等作为燃料。

据推算，地球上每年由植物固定下来的太阳辐射能是目前全世界年能耗总量的 10 倍。照射到地球上的太阳能中的 0.024% 被绿色植物的叶子捕获，叶子通过叶绿素产生光合作用，将二氧化碳和水结合成碳水化合物和氧，太阳光的辐射能变成了植物的化学能。

生物质能来源于太阳辐射能，因此它是取之不尽的可再生能源。但过去，生物质能一向不被人们重视，认

木柴

秸秆

垃圾

为只是一些秸秆、树枝等的小问题。例如我国每年有 1.5 亿吨（约合 7 000 万吨标煤）以上的作物秸秆在田间地头被直接烧掉，不但浪费了宝贵的资源，而且污染了环境。过去人们不重视生物质能，因为生物质能与煤炭、石油等矿物燃料相比，其主要缺点是燃烧热值低、体积松散，不便于工业化应用。为此，开发生物质能需要以科学技术加工改造原始的生物质原料，把原始的生物质能通过生物或化学的方法气化或液化，便可以转化成现代高质量能源，既提高了热效率又解决了石能源使用的弊端，是社会可持续发展的重要方面。

用科学技术加工改造原始的生物质能不一定都用高新科技，有些只需用简单的技术就能解决问题。如生物质沼气化，在我国农村已普遍推广；又如生物质酵解成乙醇，作为内燃机替代能源或混合能源，在国外已是成熟技术，而我国则需要依据我国的特点提高转化效率与效益，同时着力研究纤维质原料转化成乙醇的问题，从而扩大原料来源，以便规模化生产；还有，可用生物质能生成水煤气。生物质能在不充分氧化条件下，产生一氧化碳等可燃气体也是较成熟的技术，可以在适宜条件下，在小城镇通过管道供气。

需要高新技术的是生物制氢。氢气燃烧生成水，无任何污染，是未来最理想的清洁能源。科学家们认为，氢的来源以生物制氢和仿生生物制氢最为理想，因为这都是利用太阳能生产氢气，有待大力开发研究。

微生物分解有机物质也可以产生氢气，我国已实现了中试（中间试验）规模的微生物制氢技术。

水中的藻类能释放氢气，是几十年前就已发现的，只是数量甚微，难以收集利用。国外近年的研究有了突破性进展，不仅放氢数量有了数量级的提高，对其放氢机制也有了框架性的了解。

综上所述，生物质能并不像一般人印象中的一些秸秆树枝而已，它是重要的国家战略资源，与科技结合可以充分发挥其热效率，其总量与年俱增，成为国家能源的重要组成部分。

当前，世界各国普遍重视生物质能的开发和利用，开发"绿色能源"已成为当今世界上工业化国家开源节流、化害为利和保护环境的重要手段。据联合国环境保护机构的调查报告说，工业化国家在开发"绿色能源"方面取得了良好的成绩，其中有些国家通过实施"绿色能源"政策，在相当大的程度上缓解了本国能源不足的矛盾，而且显著改善了环境。

（周　载）

种出来的石油——石油树

～～～～～～～～～～～～～～～～～～

　　小孩子们都知道，石油是从地下矿藏中开采出来的，这似乎是天经地义的事。有人异想天开，"石油能不能也'种'出来呢"？既然花生油、玉米油、菜籽油、豆油等都可以种出来，也就有可能种出石油来。再则，橡胶的成分和石油很相近，橡胶不也是种出来的吗？

　　从理论上讲，石油是碳氢化合物，而植物进行光合作用时，一般都生产出碳水化合物，但是在光合作用足够强烈、光合作用进行得很彻底时，植物便能生产出碳氢化合物。

　　美国化学家卡达文是位诺贝尔奖获得者，他就相信石油可以"种"出来，他认为，人完全可以像生产花生油之类的油一样，从植物中直接生产出可以当作燃料的石油来。为此，他到处寻找能生产石油的植物。

一天，他发现一种小灌木的树干里含有大量像乳汁一样的东西，只要把树皮划开，"乳汁"就流了出来，就像橡胶树能流出橡胶汁一样。他把这种"乳汁"拿去化验，发现其中的主要成分就是和石油一样的碳氢化合物。他把

▲ 石油树产油

这种小灌木称为"牛奶树"。后来，他又发现一种续随子树，这种树也能生产石油。这种树高约一米，一年可收获一次，而且既耐严寒又耐干旱。还有一种灌木叫三角大戟，树皮很柔软，划破树皮后同样能流出含石油成分的汁液来。

卡达文在找到了能"生产"石油的植物后，就开始选种和育种，并在美国加利福尼亚种了大约 4 000 平方米的"石油"树，一年中竟收获了 50 吨石油。卡达文"种"石油的成功，激起了一股研究和寻找石油树的热潮。现在美国成立了一个石油植物研究所，专门研究能流出石油的植物。

研究人员发现，石油植物和橡胶树是"亲戚"，都有生产碳氢化合物含量很高的汁液的本领。而且，有些石油植物既可以在干旱地区生长，也可以在沙漠地区栽种，不与粮食和经济作物争夺土地资源。

现在发现，可以生产石油的植物越来越多，大约有千种以上。澳大利亚生物能源专家从桉叶藤和牛角瓜的茎叶中，提炼出能制取石油的白色乳汁液。经过调查，这两种野草大量生长在澳大利亚北部地区，生长速度很快，每周可长高 30 厘米，如果人工栽培，每年能收割几次。据估计，每公顷野草每年能生产 65 桶石油。如果这种资源得到充分利用的话，就可以满足澳大利亚石油需要量的一半。

我国海南省的尖峰岭、吊罗山等热带森林中，有一种油楠树。这种树高 10～20 米，直径为 40～50 厘米，它的树干中也能流出淡黄色或棕黄色的"柴油"。如果在树木上钻一个洞，几个小时就可以产 5 升的树油。这些树油无需加工，直接就可以放入柴油发动机，用来开动柴油汽车。

巴西有一种名为"苦配巴"的树，树高可达 30 米。如果在树干上钻孔，仅一昼夜就可以流出 20～50 升油脂，半年后可以继续采取，而且油脂的质量很好。

还有澳大利亚的高冠树，它流出的乳状液中，含有75% 的石油，且不含杂质，质量比矿物油还好。其他还有西班牙发现的大戟科草本植物、生长在东南亚一带的银合欢树和生长在北美及墨西哥的银胶菊等，都是很有发展潜力的能源植物。

美国加利福尼亚大学还用遗传工程培养了一种石油植物，这种植物的汁中的成分和天然矿物石油的成分很相似。从这种汁中可以提炼出汽油、煤油和许多副产品。

从植物中提取石油，是目前世界各国科学家的重要研究课题之一。石油植物的发展，为人类解决能源危机提供了新的希望。正因为如此，今天"石油农业"已悄悄地在全球兴起，一些石油植物的深开发研究已达到实用阶段，如美国种植石油植物已有百万亩；菲律宾种了120 平方千米银合欢树，6 年后可收获石油 100 万桶；瑞士打算种植 100 000 公顷（1 000 平方千米）石油植物，能解决全国一年 50% 的石油需求量。这一切极大地鼓舞了人类，能源专家预言，21 世纪将是石油农业新星耀眼的时代。

（周　载）

吸收二氧化碳的绿色能源——藻类

为了减少二氧化碳造成的公害，科学家们想到植物能利用水和二氧化碳在阳光照射下制造有机物的事实，能否让二氧化碳以植物为媒介，和水结合，变成有机物以制造绿色能源呢？这样一方面制造了绿色能源；另一方面又减少了大气中的二氧化碳。

美国戈尔登科罗拉多太阳能研究所的科学家在寻找能源的探索中，选用了千余种最富有生产能力的水藻，发现一些藻类植物含有丰富的脂类，脂类是由一些烃链组成的分子，用它可以生产出柴油或汽油。这些藻类有角刺藻、舟形藻和绿藻等。于是，他们决定用二氧化碳加速水藻的生长，以生产出更多的水藻。

貌不惊人的水藻，一旦条件优越，便能快速生长，成倍繁衍。水藻在灌入二氧化碳的池塘中，一天之内竟可使体积增加 5 倍之多。培植水藻的方法是：一开始，将它们放在光线、二氧化碳气体和肥料充足的大水塘里进行培育，使其快速生长。当整个水塘被水藻装满时，

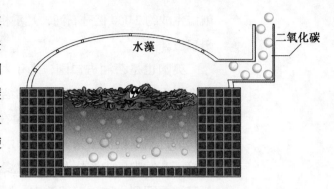

水藻

二氧化碳

▲ 水藻培植池示意图

便中断"食物"供应，这时它们就开始制造并储存类脂化合物。待到这种化合物在水藻体内达到最大含量后，便开始采集。20 米直径的池塘，一年之中竟收获了 4 吨水藻，从中提炼出了 300 多升燃油。

提炼燃油的方法是在水藻中掺入一种盐酸和甲醇的混合物，通过加热使其发生化学反应，就能得到燃油。大致的工艺过程是：通过加热，脂类首先分解，释放出脂肪酸，脂肪酸随后再和甲醇起反应，形成甲酯，甲酯就可作燃料。但由于甲酯中仍含有两个氧原子，还不能成为汽油，作汽油用时必须把氧原子除掉。研究人员发现，让甲酯通过沸石催化剂就能除掉氧原子。

日本一家公司的科研人员发现，有一种单细胞藻类能吸收大量二氧化碳，这就是在日本冲绳一带生长的绿藻。于是科研人员就将燃料燃烧所排放的二氧化碳收集起来，用泵送到养殖这种绿藻的水池中，促进绿藻的生长。日本的科学家估计，日本石油燃烧每年排放的二氧化碳大约有 5 亿吨，如果让绿藻全部吸收这些二氧化碳，

就能生成约 2 000 亿升石油，几乎相当于日本全年的原油进口量。

英国也是石油进口国，为了摆脱能源缺少的困境，也在大力研究二氧化碳和水藻的结合。英国的科学家用的是小球藻，他们将小球藻养殖在一个特制的池塘中。收获时，只需打捞出来，过滤掉水分，不用提炼，便可直接用在发电厂中燃烧发电，燃烧后排出的二氧化碳废气又被泵回到小球藻养殖池内，促进小球藻生长。他们也发现，在池塘内吹进二氧化碳气体后，藻的生长数量便增加好几倍。

除了在池塘中培育水藻外，占地球总面积 70% 的海洋，也是藻类繁育的广阔天地。在澳大利亚沿海有一种巨藻，这种巨藻可以提炼出类似天然气的气体。巨藻也是海洋里最大的植物，其长度可以达到几十米到上百米。如此巨大的生物浮在水面上，可以充分接受阳光，从而固定大量的太阳能，同时还可吸收二氧化碳，并放出氧气。

其实现在用的矿物能源，都是过去植物固化太阳能与二氧化碳的结果。大规模地使用化石能源，实际上是将亿万年前遥远地质年代中储存的能量与二氧化碳同时释放，结果使地球上热量和二氧化碳的平衡受到破坏。使用水藻制造燃油，可大量吸收二氧化碳，将其转化成氧气，达到物质上的循环与平衡。如果将大量藻类养殖在钢铁厂、发电厂、造纸厂、乙醇厂等大型污染企业附近，同时将整个池塘用玻璃密封起来，然后向大棚内通入这些工厂排放出的二氧化碳，再利用造纸厂、乙醇厂的废水制成沼气，用沼渣做肥料加速水藻的培育。这样，便可在藻类大丰收的同时，也治理了环境。

对大气污染的治理，最难以处理的就是二氧化碳的排放。为此，国际上召开了有名的"京都会议"，以限制世界各国在生产和生活中所排放的二氧化碳的总量。但这是不得已而为之的办法，因为限制二氧化碳的排放必然会影响社会生产的发展。若是在全球范围内大力发展水藻的养殖，水藻在生长的过程中可吸收大量的二氧化碳，这样，便可在促进生产的前提下，控制二氧化碳对大气的污染。这比限制二氧化碳的排放更为积极，也更受欢迎，因此也就更容易做到。

利用藻类不但可以制造燃油，而且可以产生氢气。有一种藻类植物能利用海水、阳光、二氧化碳产生氢气。氢能是世界上最干净、燃烧值最高的能源，可惜的是目前制造困难。如果可以利用藻类制造，那么，氢能的明天会非常灿烂。科学家们正在探索这项极有意义的工作，而且已初步取得了成效。

（周　载）

化腐朽为神奇的沼气

〜〜〜〜〜〜〜〜〜〜〜〜〜〜〜〜

提起沼气，也许你并不陌生，人们常会发现池塘里会有一串串气泡从水底的污泥中蹿起。如用瓶收集这些逸出的气体，再用火点燃，就会看到瓶口出现淡蓝色火焰。这种气体就是沼气。其实粪便、农作物的叶茎、杂草、树叶和含有机物的废渣、废液等，在适当的条件下经细菌的作用发酵，都会产生沼气。

经分析，沼气的主要成分是甲烷（CH_4），占60%～70%，另有30%～35%是二氧化碳，还有少量的氢气、氮气和硫化氢等气体。甲烷是无色、无臭、无味的气体，但硫化氢等却有臭鸡蛋味，所以沼气总带有臭味。由于甲烷密度比空气轻，而且在水中的溶解度很低，沼气就可以用水封的容器方便地储藏。但是常温下，甲烷不能液化，沼气只能以气体的形态存在。甲烷能在空气中燃烧，同时放出大量的热。1 立方米的沼气发热量为 20.9～27.17 千焦，相当于一千克煤炭或半千克汽油产生的热量。这样看来，甲烷也可算是优质燃料。因此沼气可以直接用作煤气机的原料，也可将其用于改装后的内燃机，再拖动发电机发电。

▲ 沼气池

沼气用于发电常见于小型机组，功率大的在一两万千瓦左右。如 1982 年媒体报道的四川自贡一酒厂利用酿酒后的废糟液制取沼气，带动 120 千瓦的发电机组，已发电 3 137 小时，发电量达 31 万千瓦时。而 2004 年我国广州与日本合资开发的沼气发电项目，则是利用日本技术，采用沼气通过燃料电池的化学作用，产生 220 伏交流电，每小时发电 2 万千瓦，而产生沼气的则是畜牧场的猪粪便。据悉在国外，如英国 1/3 的污水处理厂已使用沼气开动机器，有个公司装机容量达 5 000 多千瓦；美国一个污水处理厂仅利用污水发酵产生的一部分沼气，每天发电量就达 1 000 千瓦。

沼气在我国农村能源中占有相当重要的地位，许多农村都用沼气烧饭煮菜，甚至照明。当年我国农村沼气使用的蓬勃发展，曾引起了国际上的广泛重视，不少国家专程派人来我国考察、学习。联合国环境规划署和粮农组织还先后委托我国为其组织的 27 个发展中国家和地区举办了两期沼气技术培训班。1980 年联合国又和我国一起举办了国际大型沼气讨论会。据说，当时我国根据粗略统计，全国农村至少已建有沼气池 700 多万个，约年产沼气 25 亿立方米，相当于开发了一座年产 250 万吨的大煤矿。

沼气是种可以一直反复再生的生物能源。自然界的植物经过光合作用而得以生长。人、动物吃了植物，产生粪便。利用粪便、植物叶茎和一些有机废渣废水经发酵产生沼气。沼气作为能源使用，可代替汽油或柴油，开动内燃机用来发电。当然也能代替煤炭和柴草，用来煮饭、照明。人畜粪便和植物叶茎或有机废渣废水经沼气池的发酵沤制，既可以搞好粪便管理，改善环境卫生；又能提高肥效，用于肥田或作为养鱼饲料。此外，沼气又可作为化工原料，生产许多化工产品。因此，沼气在"以绿色的生物能源替代日益紧缺的矿物能源"和"保护生态环境"的今天，越来越受到人们的重视。

我国地大人多，有着极其丰富的沼气资源。有些国家试验在海洋中大量种植藻类，再以藻类植物发酵制取沼气，我国制沼气原料仅粪便一项，如在一个 4 000 万人口的省份，用粪便来生产沼气，年产量就达 28 亿立方米，相当于 216 万吨煤。要是再加上秸秆、稻草等植物叶茎和有机垃圾、废水，那生产的沼气就更多了。一个年产 2 万吨的酒精厂，如将全部废液用来生产沼气，可年产沼气 1 100 万立方米，相当于 8 600 吨煤。所以我国应在沼气问题上坚持科学开发，因地制宜，在把沼气作为农村首选能源基础上，加大工业化发电的研究开发，开辟出沼气使用的无限美好前景。

（俞君定）

垃圾发电

～～～～～～～～～～～～～～～～～～～～

我国是世界上的垃圾资源大国。我国城市人均每年"生产"垃圾 440 千克。

我国的城市垃圾绝大部分未经处理，堆积在城郊。全国 670 多座大中城市，约有 1/3 陷于垃圾包围中。垃圾中产生的有毒有害物质渗透到地下和河流中，给城市带来不容忽视的隐性危害，城市垃圾无害化处理已迫在眉睫。

从 20 世纪 70 年代起，一些发达国家便着手运用焚烧垃圾产生的热量进行发电。我国的垃圾发电才刚刚起步，但前景乐观。用垃圾发电一般可以通过垃圾焚烧发电，也有用垃圾填埋气发电的。

焚烧垃圾发电，从原理上看似容易，但所经过的程序却不简单。首先是"垃圾报到"。进厂垃圾的质量是控制垃圾焚烧的关键。垃圾进厂前一般都要经过较为严格的分选，凡有毒有害垃圾、建筑垃圾和工业垃圾都不能进入。符合规格的垃圾在卸料厅自动称重计量后，卸入巨大的封闭式垃圾贮存池。垃圾贮存池内始终保持负压，巨大的风机将池中的"臭气"抽出，送入焚烧炉内。

第二步是"烈火焚烧"。在工作人员的操作下，巨大的抓斗从垃圾贮存池内把垃圾抓出，投入旁边的进料斗中，进料斗下部镂空。垃圾落下后搭上履带，在电动机、鼓风机等推动设备的作用下，进入焚烧炉，这样可以使垃圾和空气充分接触，有效燃烧。

垃圾燃烧后，产生热能，使锅炉内的水转化为蒸汽，通过汽轮机带动发电机发电，最终电能并入电网。

垃圾发电是变废为宝、一举两得的先进工艺，但总体来看发展得还较慢。主要是受一些技术和工艺问题的制约。比如发电时燃烧产生的剧毒废气长期得不到有效解决。

垃圾发电发展较慢的另一原因是经济原因。现在垃圾发电的成本仍然比火力发电高。但专家认为，随着垃圾回收、处理、运输、综合利用等各环节的技术不断发展，工艺日益科学先进，垃圾发电方式很有可能成为最经济的发电技术之一。从长远效益和综合指标看，将优于传统的电力生产。尤其是作为"绿色"技术，垃圾发电的环境效益、社会效益等都是无形的、巨大的。

另一种垃圾发电的方式是垃圾填埋气发电。我国南京水阁垃圾发电厂就是一家垃圾填埋气发电厂。该厂已

▲ 垃圾发电厂

正式并网发电，目前装机容量为 1 250 千瓦。

垃圾填埋气发电工程包括沼气收集、发电和并网系统。在水阁垃圾场内分布着数十个深达 25 米的垂直沼气收集井，从这里收集的沼气通过输送管线，汇集到附近的沼气收集站。垃圾沼气在进入发电机之前，必须经过前期处理，以过滤掉水分、碳化物、粒状污染物，并保持稳定的进气温度。沼气燃烧发电后产生的电力则通过地下电缆传输到电力输出终端站，并入当地电网供用户使用。

欲提高垃圾沼气发电的效率，必须提高垃圾的"质量"。如我国每吨垃圾的沼气产出量仅为欧美国家的 60%，这是因为我国的垃圾成分复杂，在有机物中夹杂了大量的砖石、玻璃等。对此，专家们呼吁尽快实施垃圾分类，对各类垃圾分别处理，综合利用。

与垃圾焚烧发电相比，填埋垃圾发电投资小，仅为焚烧垃圾发电费用的 1/4 左右。但是填埋垃圾发电的主要缺点是垃圾处理不彻底。

一座城市的垃圾，就像一座低品位的"露天矿山"，可以无限期地开发使用，而最经济有效的办法就是垃圾发电。为了加快发展垃圾发电，我国制定了一系列优惠政策，如垃圾发电后，上网电价的优惠、税收政策的优惠、贷款的优惠等等。前不久有关部门还发出通知，对垃圾收运和处理实行"谁污染、谁治理"的原则，实行城市生活垃圾处理收费制度，所收的款项可用于贴补垃圾发电的投资。在各种优惠政策的鼓励下，我国北京、上海、深圳、南京、沈阳、西安、杭州等大中城市都已经或正在大力开发垃圾发电事业。

（周　载）

用污水发电的微生物燃料电池

美国宾夕法尼亚州立大学的科学家洛根及其率领的研究小组宣布，他们研发出一种新型的微生物燃料电池，可以把未经处理的污水转变成净水和电源。

其实早在 1910 年，英国植物学家马克·比特便首次发现了细菌培养液能够产生电流，他把石墨棒放进用大肠杆菌和普通酵母菌制成的培养液中，制造出了世界上第一个微生物燃料电池。

洛根所设计的微生物燃料电池的装置和氢燃料电池有点相似，是一个圆柱形的树脂玻璃密闭槽，看上去好像一个大型的汽水瓶子。不过和氢燃料电池不同的是，微生物燃料电池是单一的反应槽，上面装有 8 条阳极石墨棒，它们围绕着 1 条阴极棒。密闭槽中以质子交换膜间隔。密闭槽外有以铜线组成的闭合电路，用作电子流动的路径。

当污水被注入反应槽后，细菌酶将污水中的有机物分解，在此过程中释放出电子和质子。其中，电子流向阳极；而质子则通过槽内的质子交换膜流向阴极，并在那里与空气中的氧以及电子结合成干净的水，从而完成了对污水的处理。与此同时，反应槽内正负极之间的电子交换产生了电压，使该设备能够向外部电路供电。

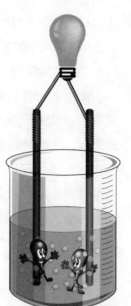

◀ 微生物燃料电池示意图

在发电量方面，洛根初期试验时只能发几瓦到几十瓦电，后来提高到可以发几百瓦。但洛根认为，在正式投产后，它可以产生 500 千瓦的稳定电流，大约是 200 户家庭的用电量。

过去污水处理一直是只有投入而没有产出的行业，不管是发达国家还是发展中国家都是如此。以美国为例，每年需要处理 330 亿加仑的生活污水，处理费用大约为 250 亿美元，而大部分的成本几乎都花在维持处理厂运转所需的能源上。若能用上微生物燃料电池，便可降低成本和提高发电效率，将会为废水处理节省巨大的开支。

洛根还认为，只要能利用污水中潜能的十分之一，便足以解决污水处理的成本开支。因此，只要进一步研发微生物燃料电池，使污水的潜能得以充分发挥，今后有可能使污水处理成为产出大于投入的营利性的行业。洛根还指出，只要是富含有机物的地方，都可以使用这种电池。

微生物电池的用途可以很广泛。日前，英国布里斯托尔英格兰西部大学的研究人员开发出一种只有手机大小、由生活有机垃圾提供能量的微生物燃料电池。这就意味着以前人们倒在垃圾桶里的剩饭菜，不久就可以变废为宝，为廉价的微生物燃料电池贡献一份"电量"。据悉，这种微生物电池的造价只要 15 美元。从原理上说，这种燃料电池可以从有机废物中产生电能，但目前只能利用方糖工作，因为方糖在被分解时几乎不会产生任何废弃物，而对于微生物燃料电池产生的废弃物的处理技术，目前尚未过关。

微生物燃料电池在航天事业中的用途很特殊，它用来处理航天员排出的尿。在密闭的宇宙飞船里，航天员排出的尿需要处理，这就可以用芽孢菌来处理人尿，产出氨气，以氨气作电极活性物质制成微生物电池。这样，既处理了尿，又得到了电，可谓一举两得。再进一步的工作是把宇航员排出的粪便与呼出的二氧化碳重新组合，粪便进入细菌电池产生电力，放出的氧气供人呼吸，在宇宙飞船内构成一个密闭的"生态链"。

微生物电池的进一步发展将以"生物太阳能电池"为基础。以上提到的微生物电池的微生物都靠吃进"食物"并通过氧化反应获得能量，而"生物太阳能电池"中的微生物却能通过光合作用吸收并利用太阳能来产生电流。

（周　载）

让汽车喝"鸡尾酒"

~~~~~~

2004 年夏天，媒体上有条新闻引起了不少人的关注，这就是在全国三农研讨会上，国家有关部门宣布了河南、黑龙江、辽宁、吉林、安徽等多省开始乙醇燃料"汽油醇"使用的试点工作，为的是应对国际原油价格大幅上扬所造成的国内汽柴油价格的上涨。

"汽油醇"讲白了就是在汽油里加入一定比例的酒精即乙醇，这就如同两种以上的乙醇调制成的鸡尾酒。其实汽油中掺入其他燃料的混合汽油早就有了，20 世纪 30 年代，德国就对汽油混合甲醇作为发动机燃料进行研究试验。第二次世界大战期间和 1973 年中东战争后能源危机出现，又是英、美、德、日、巴西、菲律宾等和中国开始了混合汽油的研究，而且取得了不同的进展。据当时报道，我国太原化肥厂、四川维尼纶厂等也采用汽油

▲ 汽车新燃料示意图

混合甲醇，而巴西则是用乙醇混合汽油。乙醇和甲醇的化学分子式为 C_2H_5OH 和 CH_3OH，看来似兄弟，至于用谁，显然取决于得到的难易。不过从使用情况来看，汽油中无论混合哪一种醇，效果都令人满意。

辛烷值是衡量车用汽油抗爆性能好坏的一项重要指标。辛烷值越高，抗爆性能就越好，发动机就可以采用更高的压缩比工作。这样既可以提高发动机的效率，又可以节约燃料。测试表明汽油无论混合甲醇还是乙醇，都能提高汽油的辛烷值，动力性和经济性都比纯汽油好。另外，驾驶汽车的人都知道对发动机功率有直接影响的并不是燃料本身的热值，而是每一标准立方米可燃混合气的热值。像甲醇、乙醇这类本身热值较低的燃料，由于其分子内含有氧，在燃烧时所需的空气量就少一些，因而混合气热值比石油燃料略高些。由此可知，混合汽油热值并不比纯汽油低，当然也不会影响发动机功率，而且还会提高发动机的热效率。

经过测试，专家发现混合汽油的使用，还可以大大改善汽车尾气的排放，一氧化碳等有毒气体明显减少，有利于环境的改善。混合汽油的这个优点似乎格外受人关注，使用清洁能源正是现今人们的孜孜追求。

　　国外对甲醇代汽油的研究证明，汽油中掺加10%～25%的甲醇，不需要改造汽车发动机，就能使用这种混合燃料。我国在解放牌汽车上设置甲醇箱做试验，将甲醇直接喷进汽化器，让甲醇和汽油在汽化器中混合。在一定的比例下，汽车发动、加速、爬坡等性能良好，当然，还节省了汽油。

　　甲醇来源广泛。劣质煤、天然气、油砂、木屑乃至垃圾，凡是能产生一氧化碳和氢气的物质都可以用来生产甲醇。而且甲醇生产具有工艺简单、设备规模不大、成品运输方便等优点。每千克木材的下脚料可生产0.6千克的甲醇，全国每年的木材下脚料足可以生产上百万吨的甲醇；一座日产7 000吨铁水的高炉，排出的气体可生产2 000吨甲醇。煤、巨藻等都是生产甲醇的原料来源。

　　混合汽油"物美"，但是不是"价廉"呢？这问题应该从两方面来看。首先，从甲醇、乙醇的价格来看。甲醇俗称木精，最初得自于木材的干馏，现在已能由一氧化碳和氢气大量合成。乙醇一般从含淀粉或糖的原料经发酵制得，也可用乙烯水化法合成。二者的现行价格都低于汽油。其次，从今后的价格看，我国自1993年后成为石油净进口国，原有的供求矛盾日益突出，再受全球资源或世界政治变化的影响，原油价格常会波动，进而影响到柴油的供应。综合考虑，如果甲醇、乙醇规模化生产，以及全球范围的能源短缺前景和生态环境保护需要，混合汽油自然是十分合算，十分必要。汽车喝"鸡尾酒"的日子也就来临了。

（俞君定）

 知识链接

乙醇汽油

乙醇汽油是一种由粮食及各种植物纤维加工成的燃料乙醇和普通汽油按一定比例混配形成的新型替代能源。按照我国的国家标准，乙醇汽油是用90%的普通汽油与10%的燃料乙醇调和而成。乙醇可以有效改善油品的性能和质量，降低一氧化碳、碳氢化合物等主要污染物排放。它不影响汽车的行驶性能，还减少有害气体的排放量。乙醇汽油作为一种新型清洁燃料，是目前世界上可再生能源的发展重点，符合我国能源替代战略和可再生能源发展方向，技术上成熟安全可靠，具有较好的经济效益和社会效益。

变废为宝——秸秆压块燃料

有粮食生产就有秸秆的产生。秸秆曾是农家的宝贵财富之一，它可以做燃料、饲料、肥料和原材料等，但富裕起来的农民开始摆脱古老的生活方式，土房变瓦房；燃料用上了煤、液化气、电；畜力由机械代替。这样，在一些经济发达的农业地区，秸秆就成了"废物"，特别是产粮区，出现了焚烧秸秆的问题。焚烧秸秆，污染环境，近年来已成为我国农业管理中的大问题。

其实，秸秆本质上是一种可再生的生物质能，它的热值比垃圾大 5 倍。既然垃圾都可以用来发电，秸秆的用途必然更大。

用秸秆发电，在技术上比垃圾发电要简单得多，不论是将秸秆粉碎还是将秸秆压块燃烧发电，技术上都是成熟的。如果在秸秆过剩地区建设一座 20 万千瓦的秸秆发电厂，不但每年可"消化"掉180万吨秸秆，还可获得可观的经济效益。

利用秸秆的生物质能，除了发电外，更简单的办法是把秸秆压成块，可代替煤炭使用，称为类煤化技术。秸秆压块的技术属于简单技术，只要把秸秆粉碎成一定的细度后，在一定的压力、温度和湿度的条件下，加入黏结剂，通过压缩将秸秆压成圆形、方形或棒状的块，便可代替煤炭使用。

秸秆压块加工流程 ▶

秸秆压块既可以大规模生产，也可以中、小规模生产。大规模生产一般以产业和地区为基础，适用于机械化方式；中等规模生产，一般以村庄为基础，适用于畜力或电动机生产；小规模生产，以家庭为基础，用人力生产。

在压块时，对使用的黏结剂的基本要求是：能使压块充分变硬，不会掉皮、变软，不会受热碎裂，不产生大量烟雾、胶质、不良气味与粉尘，黏结剂的热值应与木柴相当。常用的黏结剂是有机黏结物，如玉米、小麦、木薯的淀粉、甘蔗糖浆、焦油、沥青、树脂、胶、纤维、鱼废料和水藻等。

在制作秸秆压块时若能加入一种人工制造的叫作六甲四的固体燃料，便能生产出热值更高的优质燃料。1988年，我国向美国出口了一批煤饼，这些煤饼只用一根火柴就能够点燃。这种特殊的煤饼就是由煤粉和六甲四固体燃料制成的。这种煤饼使用时释放的能量比煤炭高出一倍，火焰温度能够达到730℃。六甲四固体燃料的主要原料是液氨和一种叫作六亚甲基四胺的物质。六亚甲基四胺是一些化工厂的副产品，一些中小型工厂就能生产。

制造秸秆压块燃料，在技术上并不复杂，只要有一台挤压机和简单的加热装置就能解决问题。压成块后，密度大大增加，热值显著提高，也便于储存和运输，同时又保持了秸秆挥发成分高、易点火，灰分及含硫量低，燃烧时产生的污染物少等优点。

国外在20世纪70年代初就开始生产秸秆压块燃料。我国到20世纪80年代才开始研制，虽然起步晚，但进展很快，有些省份已经建成规模较大的压块燃料生产线。

（周　载）

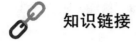

知识链接

秸秆压块

　　秸秆压块是指采用生物质压缩设备，把铡切好的玉米秸秆、花生秧、小麦秸秆等农林产物加工成长方体小块，能使秸秆便于储存、运输，降低了储运的成本，作为燃料使用的话，还可以大幅度的提高生物质的热效率。同时，由于压缩过程中的机械挤压、高温等，使秸秆的物理、化学特性发生改变，作为饲料的话，其营养成分也能有所增加。我国主要农产区的秸秆产量很大，如果能将秸秆制成压块饲料，将大大促进我国养殖业的发展。如果把秸秆做成燃料，将能够代替燃煤进行蒸汽锅炉等炉具的燃烧。

高效太阳能转换器——甜高粱

在世界矿物能源愈来愈匮乏的情况下，生物质能源的研究开发日益紧迫。甜高粱显示了诱人前景。

甜高粱也叫芦粟、甜秫秸、甜秆，为粒用高粱的一个变种。它同普通高粱一样，每亩能结出 150～400 千克的粮食，但它的精华不在于它的籽粒，而在于富含糖分的茎秆。甜高粱生长快、产量高，茎秆高度从 2 米到 5 米不等，富含糖分，糖度在 15%～21% 之间，且产量极高，一般亩产量在 5 吨左右，高产纪录为 11.2 吨。

甜高粱之所以成为优质的生物质能，主要是甜高粱茎秆中的汁液能用于生产乙醇。目前，为了减少石油消耗和缓解环境污染，用乙醇汽油替代部分石油的运动正在全球悄然兴起。美国政府决定从 1995 年起，在空气严重污染的 9 个城市和 14 个州的部分地区，规定汽车使用

糖浆

乙醇

▲ 甜高粱可制乙醇

的燃料中必须含有 1/3 的乙醇；巴西目前有 35% 的汽车所用的燃料全部是乙醇，其余为掺入 20%～25% 的乙醇与汽油的混合物；乌拉圭种植了 65 万公顷甜高粱，用于生产乙醇燃料。

人们看好甜高粱除了它是优质、高产作物之外，还在于它是作物中的"骆驼"。与其他禾谷类作物相比，甜高粱更为耐旱、耐涝、耐盐碱、耐瘠薄，土壤 pH 值从 5.0～8.5 都可以生长。我国从黑龙江到海南都可以种植，特别是在其他作物难以生长的沙荒地、盐碱地也适合种植。

与其他可制造乙醇的作物相比，甜高粱生长快、产量高，在生长旺期，平均每天增高 12 厘米，在各种农作物中居首位。甜高粱每亩产茎秆 5 000 千克，可产乙醇 360 千克，每亩产籽粒 300～450 千克，可产乙醇 100 千克，比用玉米制乙醇增产 1 倍多，比用甜菜生产乙醇成本低 50%。与甘蔗相比，甜高粱的优势主要在于生长期短，甘蔗的生长期为 7～24 个月，而甜高粱的生长期只需 5 个月。

用甜高粱加工生产能源是系统化的产业工程，要真正达到产业链运行的平稳、高效，还要在优良品种的选育、高产稳产的栽培技术和贮藏与加工技术等方面做进一步的研究工作。

　　甜高粱的核心成分是以糖为主的碳水化合物，糖产量是甜高粱的重要经济指标。因此，选育高糖与高生物量的甜高粱品种是降低成本、实现甜高粱能源产业化的前提和科技保证。以往的育种目标都是培育粮糖兼用的优良品种，但籽粒产量与含糖量是显著负相关的两个性状，育种时很难兼顾。今后要进一步注重专用型能源甜高粱品种的选育工作，尽量提高甜高粱的茎秆含糖量及抗病虫能力，才能保证甜高粱大面积种植过程中的高产与稳产。

　　在选育甜高粱优良品种方面，中国科学院植物研究所从国外引进甜高粱的优良品种后加以改良，培育出高产优质品种"M-81E"和"泰斯"，居世界领先地位，在生产上推广，并向国外出口。

　　甜高粱的种植环节是在整个生产链中输入太阳能的环节，其直接决定了甜高粱的产量和质量。因而在产业化地区，需要建立一套标准化的栽培种植技术体系。只有对肥料、水分、种植密度、播种时间以及打药等进行规范后，才能达到高产稳产的目的。例如，磷酸参与糖的运转，增施磷肥有利于提高甜高粱茎秆的含糖量。另外，收获时机也很重要，因为当籽粒成熟后还有一个糖分积累的过程。如何选择在最大含糖量时收获，需要有科学的依据。

　　甜高粱的收获期约为半个月，收获后其茎秆中的糖分容易变质，因而，在短时间内压榨、浓缩并贮藏好是增加产业经济效益的前提。用糖发酵的方法生产乙醇是相对成熟的技术，但在技术上如何进一步提高发酵效率与缩短发酵周期，也是需要研究的。我国在用甜高粱汁制取乙醇的生产工艺方面，有了新的进展。生产流程由间隙式发展为连续式；发酵时间由 72 ～ 96 小时，缩短为 8 ～ 10 小时。

甜高粱除了用于制取乙醇外，还是优良的饲料作物、大有希望的糖料作物和造纸工业的新原料。为此，世界各国都很重视甜高粱的栽培种植。早在 1980 年，美国科学基金会就向国会提出报告，建议利用太阳能发展绿色植物的新能源，国会拨重金开发这项研究，扩大甜高粱种植面积近 1 亿亩；欧洲共同体成立了甜高粱协作网，于 1996 年召开第一届欧洲甜高粱会议，认为这是欧共体新能源的主要发展方向之一；我国在 1997 年主持召开了第一届国际甜高粱会议。甜高粱作为高效太阳能转化器，将在未来的能源大家庭中大放异彩。

（周　载）

地　热

〰〰〰〰〰〰〰〰〰〰〰〰〰〰〰〰〰〰〰〰

　　地热同太阳能、潮汐能、风能等并称为取之不尽，用之不竭的绿色能源。地热不受地域限制，也不受外界环境条件所制约。不像石油受区域地质构造和古气候环境的制约，石油分布在地球上极不平衡；开采条件又受海洋、沙漠等环境的影响。地热也不像太阳能要受阴雨天的限制，潮汐能要受引潮力和风能受风力的限制。地球上的任何一块地方都有地热能，可以全天候地开发利用。科学家计算过，只要利用地壳上层 1 万米以内 1% 的热量，就可以保障人类相当长时间内的能量需求。

　　地热，是指存在于地球内部常温层以下的热量。地热的来源主要是由于地球内部放射性元素蜕变产生的。美国能源部橡树岭实验室的科学家在美国地球物理联盟会议上提出，地心有个直径 8 000 米，由铀和钍组成的天然核反应堆，这个巨大的核反应堆是地球地热的主要来源。其次如地球转动、重力分异、化学反应和岩石结晶等也会产生一定的地热。

地热是随着深度的增加而增加，在地壳深处 1.5 万米以内，一般地区每百米增温 2～4 ℃，平均约为 100 米增加 3 ℃。地壳下部的地热增温率逐渐减小。地热增温率的大小与各地的地质构造条件、岩石的热容量、火山和岩浆活动等情况密切相关。

由于火山活动、地壳运动、基层岩石的深度断裂等地质原因，破坏了地壳的正常增温。使地壳表面的地热增温率大大提高的地区，称为地热异常区。在地热异常区内，如有良好的储热地质构造和足够的水源，就能形成富集大量热水和蒸汽的、有重大经济价值的"热水田"或"蒸汽田"。

地热一般分为两大类：一类是蕴藏在地下 3 000 米以内岩层中的热水、热蒸汽，或出露地表成为温泉的"湿地热"；另一类是贮存在地壳深部 3 000～5 000 米的高温岩石（火山岩体或变质岩体）所积蓄的炽热能，称之"干地热"。因为 3 000 米以下的地壳温度都在 100 ℃以上，且地层压力很高，上层水流难以渗入，一旦有水渗入，很快会被炽热的岩石变成蒸汽，在地层压力作用下快速上升，所以在 3 000 米以下很难形成热水和热蒸汽，故也难以成为"湿地热"。

"湿地热"的利用古已有之，古人早就懂得利用温泉育种、取暖和洗澡。开发利用"湿地热"发电的最早国

家是意大利，于1904
年建成世界上第一座
500千瓦的地热电站。
随意大利之后，美
国、法国、日本、新
西兰、冰岛、苏联、
墨西哥、智利及中国
等30多个国家相继
建起了地热电站。菲
律宾至1980年已建

▲ 地热利用示意图

成4座地热电站，到1985年，地热发电量已达130多
万千瓦，占全国发电量的19%。中国第一座地热试验电
站，于1970年底在广东省丰顺县邓屋建成。1978年西藏
羊八井地热电站建成发电。

　　世界上许多国家在大力发展地热电站的同时，积极
扩展地热资源的多种用途，并把地热资源开发利用列在
各种替代能源的首位。日本是个一次性能源奇缺的国家，
石油和煤炭全部依赖进口，对地热资源的开发利用尤为
热衷，把地热资源广泛应用于住宅取暖、高速公路和机
场跑道的融冰化雪、暖棚种植和水产养殖等各个方面。

　　进入21世纪以来，我国的地热开发也在快马加鞭。
为2008年北京奥运会用上绿色能源——地热，200多位
国内外地热专家聚会北京，确定40万平方米的运动员村
和记者村的热水供应由地热承担。国家大剧院为使周围
水池终年碧波荡漾，也利用地热实施冬季加温。继北京

之后，上海、太原等城市也起步开发利用地热资源。21世纪是地热资源大开发利用的世纪，在世界各国已形成迅猛之势，在中国也势不可挡。

"干地热"的开发利用对技术要求高，投资巨大。美国在芬登山试验站钻到地下300米时测得岩体温度200 ℃，钻到4 200米时，测得岩体温度275 ℃。美国开发"干地热"采用姊妹井，一口井灌冷水，经高温岩体裂隙流到另一口井，抽上来的就是高温热水。1980年，美国建成世界上第一座"干地热"发电站，容量60万千瓦。

（甘德福）

地热发电

有位能源专家说，地热的广泛应用不仅是个技术问题，更是一个意识问题。我们明知道人类是坐在一个几乎取之不尽的能源之上，却不愿意在我们脚下挖上几千米，而更喜欢从几千千米的远处背回石油、天然气和煤炭。

地热能就是地球内部的热释放到地表的能量。地球内部像一座高温高压的火炉，地球表层以下的温度随深度加深逐渐增高。当雨水渗入地下或地下水流经这个火炉时，就被加热成蒸汽或热水，再沿着石头的缝隙冒出地面，变成一股股滚烫的热泉。

地球内部蕴藏着难以想象的巨大能量，据估计，仅地壳最外层 10 千米范围内（现在钻探技术能达到的深度）的能量，就有全世界煤炭总储量的 1.7 亿倍。地热

▲ 地热发电

能是大自然恩赐给人类的宝贵能源，开发利用地热能和利用太阳能一样可替代石化燃料，尤其是地热能和太阳能同是无污染可再生能源，开发地热能对保护环境有着极为重要的意义。

地热能的开发利用可以直接利用地球内部的热能，更可以通过地热发电，把电能输送到四面八方。根据地热资源的特点以及采用技术方案的不同，地热发电一般可分成 4 种方式，即：地热蒸汽发电、地热双循环发电、全流发电和干热岩发电等。

地热蒸汽发电系统

目前，世界地热发电中多数为地热蒸汽发电，因为它技术成熟，运行安全可靠。在这种地热发电系统中，根据地热蒸汽的状态不同，又可分为干蒸汽和热水扩容蒸汽两种形式。干蒸汽是从地热井中直接获得的纯蒸汽，用它来直接推动汽轮机运转，它与火力发电的情况差不多。但是地热中干蒸汽不多，往往都是有水有汽，需要汽水分离。

当地热井中有汽又有水，而且水的温度又不够高时，需要用"减压扩容法"来发电。我们知道，水的沸点与压力的关系成正比，当压力降低时水的沸点也随之降低。根据这个道理，人们就可以利用较低的压力环境，使地热水迅速汽化，并在汽化时使体积得到上千倍的扩大，这就叫"扩容"。产生这种扩大体积的设备就叫"扩容器"。通过扩容器扩容的蒸汽同样可以进入汽轮机中做功，进而驱动发电机发电。

地热双循环发电系统

当地热井的温度偏低时，常用双循环系统发电。所谓"双循环"，是指发电系统中有两套循环系统，一套是地热水的循环系统；另一套是沸点很低的工质（工作介质）的循环系统。当系统工作时，用抽上来的地下热水加热工质，工质汽化后，用工质的蒸汽推动汽轮机发电。双循环发电系统中工质的选择非常重要，它要求沸点低。常用工质多数为碳氢化合物或碳氟化合物，如异丁烷（常压下沸点为 -11.7 ℃）、正丁烷（-0.5 ℃）、丙烷（-42.17 ℃）和各种氟利昂等。为满足环保要求，尽可能不用含氟工质。

利用有机工质汽轮机发电不仅适合地热发电，而且在新能源发电中有许多温度不太高的热源也都采用这种发电方式，如太阳电池蓄热发电、海洋温差发电以及许多工业余热发电都可利用。

全流发电系统

全流发电系统是把地热井出口的全部流体，不论是蒸汽、热水、不凝气体及化学物质等都不经处理直接送进全流动力机械中膨胀做功，而后排放或收集到凝汽器中，这样可以充分利用地热流体的全部能量。该系统是由全流膨胀器（也叫螺杆膨胀机）、汽轮发电机和凝汽器联合组成。此项技术的关键在于螺杆膨胀机和旋转分离汽轮机。目前国内外正在研制这些设备。

干热岩发电系统

干热岩能是指储存在地球深部岩层中的天然热量。由于其埋深大（2～3千米或更深）、温度高和含水量少（或几乎无水），因此不易将其热能提取出来。20世纪70年代，美国洛斯阿拉莫斯国家实验室的研究人员首先采用人工钻井压裂和注水的方法，进行了"人造地热系统"的试验。

要将干热岩中的热能采出，必须使干热岩发生破碎，

▼ 地热利用示意图

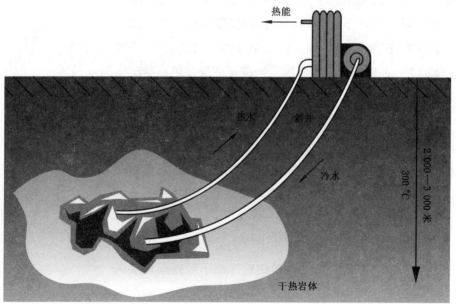

热能

热水　斜井

冷水

2 000—3 000 米

300℃

干热岩体

使足够的流体能在其中循环汲热。有两种方法可以做到这一点。第一种方法是水压致裂法。首先需要钻两口深井，从地球表面直通到高温岩石上。通过其中一口井向热岩石注入冷水，再用比汽车轮胎的压力大 200 倍的高压把水从岩石的裂口里压挤过去。接着用水泵通过另一口井把热水抽回地面上来。这种热水将在一座发电厂中用来加热丁烷，使丁烷产生高压蒸气，丁烷蒸气驱动涡轮机，涡轮机带动发电机发电。研究表明，这样发电的成本和常规发电厂的成本不相上下。第二种方法为爆破致裂法。爆破致裂法与水压致裂法的区别在于它不用高压水压挤，而是在深井底部进行人工爆破。爆破后再注入冷水，冷水被干热岩石加热，从另一口深井中抽出，进行净化处理后加以利用。

　　干热岩的研究与开发是一项雄心勃勃但又耗资巨大的计划。一口深井钻井费用将近 1 000 万美元。美国能源部 1970 年以来已耗资近亿美元用于支持干热岩计划。之所以这样做，主要是人们相信干热岩体蕴藏的能量十分巨大。据保守的估计，全美干热岩体中蕴藏的能量相当于全美年能耗量的 6 000 倍。正是由于这个诱人的前景，干热岩计划不单在美国，而且在日本、德国、法国和英国等发达国家也相继开展起来。

（周　载）

华清池与地热利用

～～～～～～～～～～～～～～～～～～～～～～

华清池位于陕西临潼县城南骊山西北麓，是我国自古以来就十分著名的温泉。据说早在公元前 8 世纪，西周末代帝王周幽王就曾使用华清池的温泉，并在泉旁建有"骊山宫"，秦始皇也曾在这里建砌骊山汤。由此可见，我国对地热的利用已有近 3 000 年的历史。

当代地热能的利用大致可分为间接利用和直接利用两大类。

间接利用主要是利用地热来发电。在这方面，国内外都有许多成功的实例。其中意大利最早在 1904 年就建成有一座 500 千瓦的地热发电站。我国则在 1970 年 12 月在广东丰顺建成第一座地热发电站，装机容量为 86 千瓦。目前世界上最大的地热发电站在美国，装机容量为 50 万千瓦。不过，利用地热发电却存在热效率低、温度

要求高的缺陷。所谓热效率低，就是能量的转换率较低，一般只有 6.4%～18.6%（由于地热类型的不同，所采

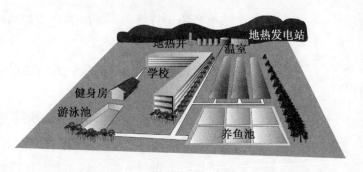

▲ 地热水的一水多用示意图

用的汽轮机的类型不同及工艺、管理等因素的制约，使不同地热电站的热转换率也不尽相同）。这使大量的热能被白白浪费。所谓温度要求高，是指地热发电所需的地下热水或蒸汽的温度，一般都要求在 150 ℃以上，否则，将严重影响其经济性。

鉴于地热发电的这些缺陷，近年内人们对地热的利用更倾向于直接利用，即非电力利用。这样不仅可以大大减少地热能的无谓损耗，而且对地下热水的温度要求也低得多，凡温度大于 15 ℃的地热水都可加以利用。这样一来，不仅可以大大扩大地热开发的区域范围（几乎全球无处不可开发），而且还可实现所谓的梯级利用，即先使用高温区域的水，再利用其较低温的水。目前，地热的直接利用已广泛地应用于工业加工、民用采暖和空调、洗浴、医疗、农业温室、农田灌溉、土壤加温、水产养殖、禽畜饲养等领域，并取得了良好的经济效益。地热能直接利用的长处还在于对技术的要求较低，所需设备也十分简易。直接利用地热的方法通常就是用泵将地热流抽上来，通过热交换器变成热气和热液后再使用。

整个系统十分简单，使用的是常规的现成设备，故极有利于普遍推广。

为便于了解，下面我们就地热直接利用的某些情况作一简介：

地热供暖：即将地热能直接用于采暖、供热和供热水，是目前地热直接利用最多的一种方式。它方式简便，经济性好，备受人们青睐。尤其在那些高寒地区，更是一种十分理想的绿色能源。濒临北极圈的冰岛，全国有1/5的土地为终年不化的冰原，全年平均温度接近 0 ℃，但由于当地人民广泛利用该地区丰富的地热资源，从而营造了一个世外桃源般的理想家园。若有机会到它的首都雷克雅未克观光，你就会发现这里没有高耸的烟囱，也没有煤烟的气味，但即使在最寒冷的冬天，居民室内也都温暖如春。原因就在于该市自 1928 年以来就建成了世界上第一个地热供热系统。现在，这一供热系统已发展得非常完善。每小时可从地下抽取 7 000～8 000 吨80 ℃的热水，供全市 11 万居民使用。在那里，只要打开水龙头就可以获得 50～60 ℃的热水，有的甚至可以达到开水的程度。由于地热能的广泛利用，该市获得了"世界最清洁城市"的称号。

地热务农：地热可广泛应用于农业生产，如利用地热建造温室，用来育秧、种菜和养花。在这方面，冰岛也有十分成功的实例。在雷克雅未克的市郊就建有若干个大型地热温室，那里黄瓜、莴苣和番茄，还有柠檬、橘子、无花果，甚至热带的香蕉、菠萝和咖啡都长势良好，果实累累、四季生长。温室中还培育有400多种花卉，如别具一格的睡莲、千姿百态的仙人掌等等。如果你不走出室外，真想象不出这是濒临北极圈的高寒地区。地热务农当然不限于建造温室，还可以用热水灌溉农田，使农作物早熟增产；用热水养鱼，可加速鱼的育肥，使热带和亚热带地区的食用鱼也能在较冷的地区生长。我国北京、天津、西藏等地就曾利用地热水养殖非洲鲫鱼、罗非鱼、罗氏沼虾等，并取得良好的效益。

地热行医：地热在医疗领域也有十分诱人的应用前景。事实上，利用温泉水进行各种治疗是自古以来就十分盛行的方法。近代的研究更进一步证明，不仅温热的泉水有促进血液循环、改善和调节机体活力的理疗作用，而且发现许多温泉水还含有丰富的微量元素或有益的组分，如用氡泉、硫化氢泉沐浴，可治疗神经衰弱和关节炎，也能防治皮肤病等等。所以世界各地的温泉常常都成为人们竞相奔赴的旅游胜地。如日本就有1 500多个温泉疗养院，每年吸引了上亿名旅客来旅游疗养。

地热的直接利用当然不限于上述三方面。它还可以用于工业，如用地热作干燥谷物和食品的热源，还可用于造纸、制革、纺织、酿酒、制糖等行业。相信随着对地热能的不断开发，其应用的范围也将更加广泛。

（张庆麟）

向岩浆要能源

~~~~~~~~~~~~~~~~~~~~~~~~~~~~~~~~~~~~

　　翻开非洲地图，人们会注意到，非洲东部从南向北
有一系列狭长的湖泊断续分布。它们是马拉维湖、坦噶
尼喀湖、基佤湖、维多利亚湖、基奥加湖、图尔卡纳湖、
阿巴亚湖、阿萨尔湖，并连接红海。为什么这些湖泊会
如此集中地分布在这样一条狭长的地带里呢？原来，这
里便是著名的东非大裂谷。地质学家们认为它是地壳板
块的破裂带，千万年后它有可能发展成如红海那样的新
生的狭长海域，会使来自地球内部的热量有可能通过这
些破裂带大量外泄，致使这里成为当今世界上四大著名
的火山带之一：这里拥有 22 座活火山和众多的休眠火
山及死火山。其中最著名的活火山是位于基佤湖畔的尼
腊贡戈火山，在其口径约 2 千米的火山口里，还有一个
始终涌动着炽热岩浆的岩浆湖。它是世界上现今仅存的

两个岩浆湖之一（另一个是夏威夷的基劳埃阿火山）。夜晚，如果你有机会爬上它的火山口向里俯视，你就会看到湖中的熔岩时而涌起，时而下降；偶尔还有大量火红的熔岩像喷泉般向上喷发。那湖面就像一个发光的电网，上面点缀着辉煌的焰火；这个网还不停地晃动，网上的火花此起彼落，令人目眩。这是因为早先溢出的熔岩因冷却而结成了硬壳，但深部的熔岩却继续涌出，使硬壳破裂，产生众多裂缝，炽热的熔岩便透过裂缝散发出灿烂的光辉，使人看上去如闪闪发光的电网……

就是这个曾经火山灾害频发，给人们带来苦难的裂谷带，今天正被世界许多政府和能源专家所看好。人们认为在它的深部隐藏有众多炽热的岩浆，有着大范围被岩浆烤热了的岩石，若能加以利用，至少能提供 7 000 兆瓦的发电潜力。这相当于 12 个或 12 个以上的大型燃煤火力发电站的能力，如能利用，将使全世界输出的地热能增加一倍。

近 20 年来，在肯尼亚首都内罗毕以西的奥勒卡里亚地热区，人们已开凿了 33 个井，井中喷射出来的高热水汽，已形成了高达 45 兆瓦的发电能力。

肯尼亚地热开发的成功，使它的邻居们也纷纷希望加入这个行列。其中，北面的埃塞俄比亚在 6 年前也建成了它的第一个地热工厂。其他位于东非裂谷区的 12 个国家，包括远在最南部的莫桑比克也都在积极地筹划地热能的开发。联合国环境规划署和世界银行认为，气候变化正在使水力发电变得越来越不可靠的时候，来自热岩石的廉价能源，将是非洲在不使用更多的矿物燃料的情况下走向工业化的重要保证。

当然，不仅是东非，世界其他地方也都渴望从岩浆或热岩石获取廉价的能源。如美国地质部就发现，仅美国境内就有 5 万多处有岩浆活动，每处所拥有的能量相当于可开采 1.72 亿桶石油的大油田。只要开凿一个宽 4 米、深 6 700 米的井洞，就有可能建设一个发电能力在 20 兆瓦左右的发电厂。目前正在开挖的是美国 3 个破火山口（巨型的盆状火山口，因受后期继发的火山活动或构造活动的破坏，故称"破火山口"）之一。这是一个十分年轻的火山口，最近的一次喷发发生在 550 年前，因此人们估计会有大量炽热的岩浆在其下面不是很深的地方。预计 10 年后，人们就有可能在这里建成一个商业发电站。

已知我国也拥有可开发的岩浆热能。其中最重要的有 3 个地区：即东北的长白山区和五大连池地区，西南的腾冲地区和台湾北部大屯火山区。长白山区最近的火

五大连池火山群块状图 ▶

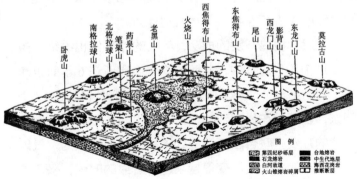

山活动发生在 1702 年，距今只不过 300 年，而且 20 世纪 70 年代还发生过几次可能因地下岩浆活动而引起的地震。五大连池有火山 14 座，其中的火烧山和老黑山在1719 年也曾喷发过。云南腾冲是我国火山密集区之一，有火山 50 多座，其中的打鹰山在 1609 年可能发生过喷发。1961 年还发生过火山地震，表明地下岩浆仍在蠢蠢欲动。台湾的大屯火山则是一个迄今仍有活动的火山。此外海南岛、新疆于田、大小兴安岭等地也可能有隐伏的深部岩浆。遗憾的是，要开发这些岩浆热源，一要有较大的先期投资，二要有较先进复杂的技术，以致它们的开发还迟迟未能排上日程。

最后，我们也要指出，开发岩浆热能并非是绝对安全无害的。专家们也指出，根据许多现代火山活动区常会释放出硫化氢、二氧化硫等有毒气体的情况来分析，对岩浆热源的开发可能会加剧这种有害气体的释放，因此若不采取必要的应对措施，仍可能给环境带来意想不到的危害。

（张庆麟）

我国丰富的地热资源

~~~~~~~~~~~~~~~~~~~~~~~~~~~~~~~~~~~~~

我国地域辽阔，地质构造复杂，深层"干地热"遍布全国，高温"湿地热"主要分布在 3 条地热异常带，有着各种各样的地热田。不在地热异常带上的地区，广泛存在着低温地热资源。我国是一个地热资源十分丰富的国家，但开发利用程度却很低。

我国 3 条地热异常带的分布是，东部地区：台湾省的水热活动强烈，在上百处水热活动区中，有 5 处水温在 100 ℃以上，最高达 140 ℃。福建、广东的水热活动区近 400 处，不少地方的水温超过 90 ℃。

华北和东北地区：天津已开采到 80 ℃以上的热水。天津从 20 世纪 80 年代开发地热井以来，目前共有地热井 184 眼，住宅供暖面积 863 万平方米，利用地热水供生活热水达 4.76 万户，近百万市民通过各种渠道享用着

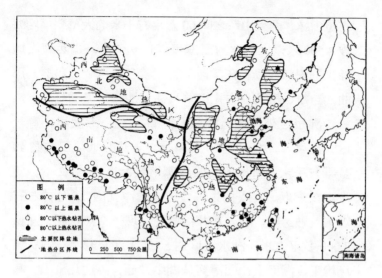

地热资源带来的便利和实惠。北京的小汤山和温泉镇都有著名的热水泉。在小汤山南郊打的一口地热井，打到372 米时，遇热水自喷，钻进到 500 米终孔时，自喷水头高出地面 5 米，水温 60 ℃，日出水量 1 258 吨。太原市区第一口地热井钻凿成功，在 2004 年 3 月通过验收。该井深 1 339.21 米，每日出水量 1 996.66 立方米，孔口水温 54 ℃，取水样化验得知，热水中富含多种对人体有益的微量元素。山东半岛和辽东半岛的水热活动同样丰富活跃，有不少 60 ～ 90 ℃的热水流出。

西南地区的地热资源更加丰富多彩：青藏高原和横断山区是强大的地热活动带，从喜马拉雅山麓到云南西部，已发现 14 处温度超过当地水沸点的热水资源，水热活动点在 1 000 处以上。约占西藏面积二分之一的藏北大草原，是个辽阔的高寒地带，北为昆仑山脉，南方是唐古拉山脉，两大山系之间 60 万平方千米的大草原平均海拔 4 500 米以上，冰封土冻每年达 9 个月，是西藏人烟稀少的天然牧场。在其地下隐藏着三四百个地热群，那曲、当雄、班戈、中扎和羊八井等地除常见的温泉、热泉、沸泉之外，还有喷气孔、冒气孔、沸泥泉、冒气地、盐泉等，水温达 70 ℃以上。羊八井地热田方圆 40 多平方千米，冒出的一股股蒸汽雾温度高达 92 ℃，使人难以靠近。有人把生鸡蛋放入蒸汽孔内，5 分钟左右鸡蛋就熟透了。在羊八井接壤处发现一个热水湖，面积 7 000 多平方米，湖水温度达 50 ℃，在 0 ℃左右的气温环境下，湖面上团团薄雾从湖中升起，高达几十米。闻名中外的云南腾冲火山群为我国最典型的第四纪新生代火山，共有 97 座火山锥。腾冲地热类型丰富，水热活动强烈，规模宏大，全县有热泉群达 79 处之多，尤以龙川江上游和大盈江两岸的地热资源最为丰富。昆明市地下 600～1 200 米的石灰岩地层，富集约 20 亿立方米的热水，水温 30～50 ℃，这些热水是由雨水、河流、小溪等地表水通过岩石裂隙渗入地下的岩溶地层之中形成的，600 米以上寒武纪的砂、页岩起了保温作用。广西的桂东南在地质历史上的燕山造山运动（约 1.95 亿年前）以来，深大断裂带区域的水热对流及导热系统至今尚未停止活动，广西著名的温罗高热矿泉就出自深大断裂带上。大气降水和地表水沿着深部断裂和岩石裂隙渗入地壳深部 1 000～2 000 米之间，进行深循环，经地下岩浆热源高温加热矿化后，从深处自下而上，以上升泉的形式冒涌，涌出的水温达 53 ℃，并富含钙、镁、钾、钠、锂、钡、钴、钼、锰、铜、硒、锶、碘等 20 余种人体所需的微量元素。从清朝道光十二年（1832 年）以来，一直是人们向往的沐浴温泉。在北国的辽宁本溪县草河掌乡汤沟村，有一个罕见的地热带，面积 14 平方千米，汤沟村坐落在这个地热带中心。地表 1 米以下，是坚硬的花岗岩，像个巨大的热水袋，里面充满了大量热得烫手的地下水。据测定，地下 100 米处的水温高达 100 ℃，把地面烤得很热。在隆冬时节，气温在零下 30 ～ 40 ℃环境中，汤沟村的地表温度在 5 ～ 6 ℃，这里是冬天里的春天，胜景常在，成为我国著名的北国地热村。我国还有一个自来热水县，它就是四川省的稻城县。该县坐落在海拔 3 736 米的高原之上，地下是一条北西向压扭性断裂带，终年不断从地下涌出众多温泉，水温高达 68.5 ℃，这个县的生活和生产都以温泉为水源。

我国煤炭资源十分丰富，地下煤层自燃把地面的石头泥土烤得烫手，从而形成奇特的地热资源。新疆伊宁市西北 19 千米的铁厂沟就有一家火泉医院，一排排土平房成为一个个火龙洞，进入洞内似入蒸笼，不到 5 分钟就把人烤得大汗淋漓。据说对皮肤病和风湿病有奇特的疗效。凡有煤层自燃的地方，这种地热都可开发利用。

（甘德福）

永不枯竭的风能

～～～～～～～～～～～～～～～～～～

　　在美国棕榈泉外缘有一个风声阵阵的圣戈尔尼山口，一排排现代化的风车正迅速地将转瞬即逝的风能变成电能。风能的利用虽然是古代就有了的，但用风力来发电还是近代的事。

　　人类利用风力的历史十分久远，是利用人力和畜力之后，最早开始利用的动力之一。人类早期利用风力的标志是风帆和风车。风帆是人们常见的一种推动帆船前进的帆篷。500 年前，哥伦布就是利用帆船横渡大西洋，才发现了美洲新大陆的。而老式的风车则是用来引水灌溉和带动其他机械的。

　　风车和风帆这两种古老的风动工具，曾为人类文明的发展做出过巨大的贡献，但是随着煤和石油的使用，蒸汽机和内燃机的出现，风车和风帆就显得笨拙而落后了，于是渐渐地从能源舞台上退了下来。不过人们并没有忘记风这种取之不尽、用之不竭的无价能量。尤其是到 20 世纪 70 年代，世界出现能源危机之时，动力学家又将目光转向了风。

风能是空气的动能，它是自然界存在的取之不尽的一种能源。产生风能的源泉是太阳，在太阳光的照射下，地球各处因受热情况各不相同，温度差异很大，由温差而产生大气压力差。如赤道一带阳光最强，而地球两极阳光最弱。于是受阳光多的地方，温度升高，空气膨胀，气压下降；而地球两极的情况正好相反，空气冷，密度高，压力就大。于是空气就从压力大的地方向压力小的地方流动，从而产生自然界普遍存在的现象——风。在相邻的两个地区，空气压力差越大，空气流动就越快，风也就越大。

风是一种自然现象，风的能量是很大的。大自然本身并没有目的，更没有智慧，因此当无目的的、不可控的风能肆虐时，造成的风灾是骇人听闻的。据有关资料，全世界范围内，一次就造成 5 000 人以上死亡的飓风，至少发生过 20 次，其中有 7 次，每次造成的死亡人数超过 10 万人。例如，1949 年 11 月大西洋发生的一次风暴，使 600 多艘轮船覆没；我国古代在新疆罗布泊湖附近，有一座楼兰城，在一次风暴中被吹来的黄沙所掩埋。

飓风之所以会造成如此严重的灾害，是因为它包含着巨大的能量。据气象学家估算，一个来自海洋的直径为 800 千米的台风的能量相当于 50 万颗 1945 年在广岛

▲ 风力发电站

爆炸的原子弹。如果能把一个台风中3%的能量转化成电能，就能得到相当于176万个12.5万千瓦的火力发电厂的发电量。只是可惜，到目前为止，还没有找到利用台风巨大能量的办法，而这正是科学家们梦寐以求的目标。

目前，全世界可能被利用的风能到底有多少？据科学家估计，世界上可以被人类利用的风力资源，如果全用来发电的话，功率大约有10亿千瓦，比地球上可以开发利用的水能要大10倍。全世界每年烧煤发出的能量，只有风一年提供能量的三千分之一。其中仅接近陆地表面200米高度内的风能，就大大超过目前每年全世界从地下开采的各种矿物燃料产生能量的总和。

风能的另一个优点是十分干净，不会产生环境污染。烧柴、烧煤、烧石油都会产生废气，这些废气散发到大气中造成巨大的污染源。而使用风能，不用燃烧，也不会排出废气。风从动力机械中进去是干净的，工作后吹出来也是干净的。

尽管风能有许多优点，如很丰富、分布广泛，可再生又没有任何污染，是取之不尽用之不竭的干净能源，但直到现在，它的利用仍然非常有限，原因是存在美中不足，比如它的能量密度低，又"喜怒无常"，很不稳定，要充分利用它还需要比较复杂的技术。

在古代，风力主要用来提供机械能，推动某些机械运动。而现代，动力学家则热衷于用风力来发电。也就是说用风力推动风力发动机，再由风力发动机带动发电机而发电。

专家们预测，风能不久就可对石油、煤炭、天然气、核能构成挑战和竞争力。在美国，自20世纪80年代以来，风力发电的成本已下降了80%，降到了几乎与水电相当的水平。更大规模的风轮机、新型的叶片设计、使用先进的材料和更加精巧灵敏的电子控制设备，以及更加灵活的轴结构等，必将大大提高风力发电的效率，进一步降低成本。

（周　戟）

风力发电

～～～～～～～～～～～～～～～～

　　利用风力发电是所有发电方法中最简单方便的一种，不用燃料、不必筑坝蓄水，更不需昂贵复杂的设备，而且还不排放废弃物。因为其基本原理实际上就是电风扇的原理反其道而行之。电风扇是通电后，电动机转动，带动风扇叶片转动后产生"人造风"，而风力发电则是利用风力吹动风力发电机的叶片，使之转动而使发电机发电。

　　19世纪末，人们着手研究风力发电。1891年，缺乏煤炭资源的丹麦建成了世界上第一座风力发电站。进入20世纪，法国、德国、荷兰等国也都开始研究风力发电。第二次世界大战期间，因为燃料缺乏，一些国家积极研制小型风力发电机。20世纪60年代，因石油价格低廉，核电也正崛起，风力发电在一些工业发达国家遭到冷落。

20世纪70年代中期开始，石油涨价又促使一些国家重新重视风力发电。

1992年美国能源部拨4 000万美元，资助美国电力公司开发风力发电设备和系统，使美国风力发电的规模迅速扩大。据预测，美国的风力发电规模将达到5 000万千瓦。目前，美国正在对风车进行重大的技术改革，引进了空气动力学和微电子技术，做

▲ 风力发电

到使风车的叶片能随着风速的方向随意旋转，并使风力发电全部计算机化，从而使风力发电机的发电能力提高4倍。改进后的风车在风速达到每小时14千米时就能发电，而且在风速达到每小时96千米时仍能继续工作。相比之下，旧式风车在风速达到每小时22千米才能发电，而当风速达到每小时72千米时就会停转。

美国开发风力发电的主要经验是：①选择风力充足的地区为场址，当然这是最基本的。②建立风机田。风机田是按一定的排列方式安装大量风力发电机发电的场所，也叫风力田。美国加利福尼亚州阿尔塔蒙特山口的风力田是世界上最大的风力田。在那里，有几千台风车在转动，总装机容量为67万千瓦。这片风力田的"收

获"，占美国风力发电总能的 40%。③集中建造风机群便于统筹管理、联网运行和维护，可降低成本。④鼓励私营企业开办风电。

我国的风力发电起步于 20 世纪六七十年代，当时着重于开发小型的风力发电机，用于牧民游牧生活的需要和小型加工机械的用电。此时的其他国家已经着手于大中型风电机组并网发电的研究。近年来，我国已建成了一批规模较大的风力发电场，如：总容量为 1.07 万千瓦的新疆达坂城风电二场；总容量为 8 680 千瓦的广东南澳风能电厂等。另外，上海郊区南汇风电站，也有将近 1.5 万千瓦容量的规模。我国风力发电站的建设方兴未艾，上海的崇明、长兴、横沙岛，以及新疆、内蒙古等风力资源丰富的地区都在建设或正准备建设风力发电站。

世界各国都在大力发展风力发电之际，人们发现风力发电作为能源也存在许多问题，致使发电效率不高。首先，由于空气的密度小，只有水的百分之一。因此，利用空气流动而产生的风力远远不如水力大。为了获得更大的功率，就必须加大风轮的直径。风力与水力相比，如要获得相同的功率，则风轮直径要比水轮大几百倍。而要制造更大的风轮，技术上达不到。其次，风力变幻不定，有时方向变化无序，有时大小变化无常，这样就难以保证输出稳定的电力。为了解决这些问题，就必须采用复杂的装置，来随机应变。即使这样，也不能彻底解决问题，因为有时根本就没有风。缓解风力不稳定的办法，可以采取将风能储蓄起来，就是在有风时，将风力的能量转变成其他能量形式保存起来，等到没风时，再取出来用。储存风能的方式有很多，如采用压气储能、蓄电池储能和制氢储能等。

（俞君定　周　载）

风力发电机

~~~~~~

　　风力发电的关键设备是风力发电机，也叫风轮机。从古至今人们曾使用过各种各样的风轮机，而现代使用的风力发电机大致可分为两类：一类是风力发电机的风轮转轴与地面平行，就像常用的电风扇那样，称作水平轴风力发电机；另一类是风轮转轴与地面呈垂直状态，叶片绕垂直轴线旋转，这类风轮机叫作垂直轴风力发电机。目前，商用大型风力发电机组一般为水平轴风力发电机。根据风轮上叶片的多少，水平轴风力发电机又可分为单叶式、双叶式、三叶式和多叶式等。

　　一般风力发电机都由风轮、增速齿轮箱、发电机、偏航装置、控制系统、塔架等部件组成。风轮的作用是将风能转换为机械能，它由气动性能优异的叶片装在轮毂上组成。低速转动的风轮通过传动系统由增速齿轮箱增速，并将动力传递给发电机。上述这些部件都安装在机舱上，整个机舱由高大的塔架举起。由于风向经常变化，为了有效地利用风能，必须要有迎风调节装置，它可根据风向传感器测得风向信号，由控制器控制偏航电机，使机舱始终对着风。

为了提高风力发电的效率，需要研制性能优异的风力发电机。尤其是在弱风的条件下，要让风力发电机也能转起来。美国洛杉矶的一家公司在20世纪70年代曾设计出一种"增能风力发电机"。这种风轮机的叶片周围有一圈套管式的围带，使风通过时产生一个低压区，低压区产生抽吸作用，使通过叶片的风速增加一倍以上。套管产生低压区的原理就像"过堂风"一样，因为过堂风就是空气通过狭窄的地方时产生低压和抽吸作用的缘故。

这家公司研制的这台增能风力发电机曾做过风洞试验，发现它比普通那种没有围带的风力发电机发出的电力要高5倍多。当时由于没有理想的制造围带的材料（既要轻又要坚固而不变形），因此无法商业化生产。

直到1997年，新西兰的奥克兰公司用一种高强度的

▲ 套管式风力发电机原理

纤维复合材料制造了一台实验性的增能风力发电机。这种纤维加强的复合材料的抗弯强度在同样条件下是钢的3倍。其后，该公司制造了2台21层楼高的增能风力发电机，每台能产生3兆瓦的电力。

2004年10月，环球风能科技有限公司在第六届中国国际高新技术成果交易会上，展出了磁悬浮原理无阻尼风力发电机技术。无阻尼风力发电机是利用磁悬浮原理，直接驱动发电机运转发电，从而极大地降低了发电机的机械阻力和摩擦阻力。该技术的使用使风力发电机的风能利用率平均达到40%以上，使风力发电的成本有望和火力发电的成本相媲美。

风力发电机的商业化发展，一方面是加大风轮机的尺寸，以提高功率；另一方面是向多样化发展，以扩大风力发电机的应用范围。

2004年11月，芬兰最大的风力发电机在奥陆市安装成功，预计年发电量将达6 900兆瓦/小时。2004年，德国北部地区安装了一台5 000千瓦的、当今世界上最高的风力发电机。该机的每一片螺旋桨叶片长61.5米，重18吨，风轮机中心轴高120米，预计可供4 000户家庭用电。

在风力发电机的多样化方面，现在已经生产出移动式微型风力发电机、固定式小型风力发电机、风力路灯、微型风力水泵、屋顶风力发电机等。

风力路灯是用微型风力发电机发电系统开发的免维修照明系统，它克服了太阳能电池日照时间短、太阳能面板清洁难的缺点，具有运行可靠、寿命长、安装容易及免维修等优点，是园林、旅游景点、偏僻地区及高速公路等系统照明使用的最佳选择。

2004年7月，美国LLC公司宣布，他们已成功推出导管风扇风力发电机，其特点是安全、无噪声、无震动，可在屋顶上安装。过去的风力发电机都使用大型风叶的涡轮发电机，投资巨大、风力输送系统复杂，利用新技术，就可以根据消费者需求，决定规模大小，并且在风力小于15英里/小时及强风时都可以用高功率宽带电机产生电力。

（周　戟）

风力发电引起的风波和海上风力发电

1994 年上半年，英国的一些报纸上展开了一场有关风力发电的争论，争论的焦点是要不要发展风力发电。过去普遍的看法认为，风力发电是无污染的绿色能源，然而在英国 1990 年正式建成第一座风力发电站后，却引出了一场官司。

英国是从 20 世纪 80 年代开始发展风力发电的，至 1994 年已建立了 20 多个风力发电场。其中在兰迪南建立的风场有 103 台风力涡轮发电机，分布在约 4 平方千米的高地上，组成一个发电能力达 30.9 兆瓦的风力发电站。

原告方是在风力发电站附近居住的居民，状告开发风电场的公司，指控风力发电场机器的嗡嗡声构成了严重的噪声污染。另一起官司是居民状告风电开发公司，由于风电场中高耸的涡轮机严重干扰他们接收电视信号，使电视图像出现重影和闪跳现象。1994 年 9 月，法院经过调查后裁决，原告胜诉。因为在调查中发现，风力发电机产生的噪声能被金属塔架放大，这种反常噪声的刺激特别令人烦恼。而风力发电机对电视信号的干扰也比来自建筑物的干扰更大。

风力发电引起的风波，使英国考虑新的风力发电方针，就是在海洋中发展风力发电，以解决陆地风场引起的噪声干扰和影响电视信号等问题，而且海上的风力比陆地上的风力更强劲和稳定。

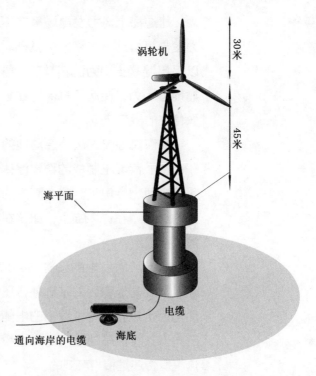

涡轮机

30米

45米

海平面

电缆

通向海岸的电缆

海底

▲ 海上风力发电示意图

10 年来，海上风力发电得到了长足发展。因为海上风力发电与陆地风力发电相比，除了不会扰民外，还有其他一些优点：由于海上没有山丘和建筑物等的阻挡，而且海水对风的摩擦阻力显然小于土地对风的摩擦阻力，故海上的风力明显地大于陆地，因而海上的风能输出比陆地高出 50% 左右。此外，就是海上风力发电机安装简便，一台海上风力发电机只需要 300 ～ 400 吨专用吊机进行安装，而在陆地上则要建造一条专用施工道路。

建造海上风力发电场虽然不用修路，但却需要给风力发电机打造一个稳固的基础。对于浅海的风电场，可以采用混凝土引力沉箱基础。所谓"引力基础"是指依靠地心引力，使涡轮机保持在垂直位置上。这个原理更像传统的桥梁建筑。

　　在深海处就无法建造落地的基础，工程师们就采用一个空心混凝土制成的稳定浮体平台。在浮体平台上便可固定风力发电机。这个漂浮的平台用高强度耐海水腐蚀的绳索系在许多锚上，即使在飓风中，风力发电机也能保持稳定。

　　海上风力发电的设施与陆地风力发电不同之处是，除了需要建造稳固的基础外，还需要敷设海底电缆，以便把海上风力发电机发出的电能输送到岸上，与陆地上的电网连接。虽然敷设海底电缆在技术上是成熟的，但这笔投资还是相当可观的。

　　一项新技术能否投入产业化生产，经济效益是关键。海上风电场的发电成本与经济规模有关。目前，海上电场的最佳规模为 120～150 兆瓦。据丹麦某海上风电场的建设资料统计：总投资中，风电机占 51%、基础占 16%、电气接入系统（主要是海底电缆）占 19%、其他 14%。若按 20 年寿命计算，发电成本每千瓦小时约合 0.36 丹麦克朗（相当于 0.05 美元，合人民币 0.42 元）。如果寿命按 25 年计算，还可减少 9%。由此可见，海上风力发电的经济效益已经可以与火力发电竞争。

　　我国自 21 世纪初，也着手考虑建造海上风电场。

2002 年 12 月，上海 2 万千瓦海上风力发电项目设备采购书通过了上海内部评审，这是我国第一个海上风力发电项目。上海的海上风力发电机将建在浅海的水泥基础上。广东省准备在南澳岛建立海上风力发电站，目前已经建成总装容量可达 20 万千瓦的风电场。同年，香港也准备建造海上风力发电系统。

（周　载）

风力发电的新思路

～～～～～～～～～～～～～～～～～～～～

为了克服扰民的缺点，风力发电从陆地风力发电发展到海上风力发电。但是海上风力发电仍存在风力不稳定的缺点。为了能得到稳定的、更为强劲的风力，科学家们又在思考高空风力发电、太阳能风力发电、人造龙卷风发电、风光互补系统等新思路。

苏联的一个科学家小组为寻找稳定的更为强劲的风力，在地球的大气层中进行了广泛调查。他们发现，在距地面 10～12 千米的大气层中，有一对流层，其风速达每秒 25～30 米，风能比地面大气层的风能大 2 000 倍，相当于地面上的 10 级狂风，而且稳定不变。显然，这是一种巨大的风力资源，因此，科学家们计划用这种巨大的风能，做出对流层风力发电站的设计。

对流层距地面 10～12 千米，若按陆地风力发电站的模式建造风力发电机的塔架，相当于3 000多层的摩天大楼那么高，从目前的工程技术水平来看，几乎是不可能的。于是科学家们异想天开地设计出"空中楼阁"式的风力发电站。

这个新思路虽然是"异想天开"，用现代技术却是可以做到的方案。科学家们准备把一个重量约30吨的巨型发电机组用庞大的氦气球或汽艇升高到离地面10～12千米的高空，放在狂风大作的对流层中。然后采用超高强度的绳索将气球和风力发电机连在一起，而氦气球则用绳索固定在地面上。

风力发电机发出的电力通过导线传到地面上，地面上安装有大功率的变压器和控制设备。据分析计算，大规模的对流层风力发电站的发电成本仅为现有电站的五分之一到六分之一。此外，这种高空电站不仅降低了发电成本，而且可用于无线电和电视传播。

高空风力发电站的蓝图虽然设计出来了，但真要建成这种电站却不是一件轻而易举的事，还需要解决一系列的技术难题，比如气球漏气后怎样修理、充气，以及如何控制气球在高空的位置等。

另一种获得稳定风能的设想是太阳能风力发电站。20世纪70年代末，一位叫尤尔格·施莱希的德国工程师曾提出过一种太阳能风力发电站的设计方案。顾名思义，太阳能风力发电站的工作原理是利用太阳能产生的气流，推动风力发电机来发电。

他的设计方案是先铺设一个大面积的透明的圆形塑

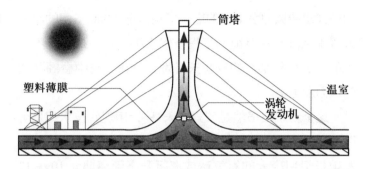

料薄膜顶棚，该顶棚的结构是周边低，逐渐向中间升高，并与中间的烟囱状的高塔相连。当太阳能加热塑料棚内的空气，使棚内的空气上升至 20 ～ 50 ℃时，棚内的空气就会向中间流动，再借助中央高塔的抽力，便可在高塔内产生巨大的风速。经计算，该风力可达到 60 米／秒，相当于台风的速度。利用塔内的风速，只要装上发电机，就可发出电能。

施莱希的构思在 2002 年得到澳大利亚一家公司的赏识，他们正准备建造一个由太阳能和风能联合做功的试验电站。届时在澳大利亚内陆将耸立起一个 914 米高的混凝土大烟囱，成为世界上最高的人造建筑。根据这家公司的设计理念，他们将在烟囱的基部建造一个面积达 7.5 平方英里的温室。当温室里的空气由于吸收了太阳能而变热之后，就会顺着烟囱上升，从而带动涡轮机发电。该公司估计，热空气形成的上升气流能够带动 32 台涡轮机产生 200 兆瓦的电能，足够 20 万个家庭使用。设计人员认为，如果这个发电厂建起来，预计寿命可达几十年，维修费用不高，效率远远高于将太阳能直接转换成电能的光电转换系统。

在海洋和沙漠上空，由于太阳的照射，热气流上升，冷空气下沉，形成上下流动的风。根据这种情况，科学家们设计了一种巨大的筒状物，并让它漂浮在海洋或沙漠上空，然后用人工方式引导气流在筒内上下升降，从而驱动涡轮机进行风力发电。这就是人造龙卷风发电的原理。以色列的风能塔就是利用此原理进行试验研究而建成的。

风光互补系统是指风力发电与太阳电池发电组成的联合供电系统。无论是风能或太阳能，都有共同的弱点，那就是能量密度低、稳定性差、常受天然气候影响、不连续等。太阳能有日夜间断的不同，而风能则有季节性强弱的变化，如将两者合在一起，就产生互补作用。因此，在设计风力发电和光电系统时，要根据当地的气象条件，选择适当的容量搭配，以得到相对稳定的电能。

（周　载）

未来能源家庭的宠儿——氢能

氢是宇宙中含量最丰富的元素，也是元素周期表中排行第一的元素。

400多年前，瑞士科学家巴拉塞尔把铁片放进硫酸中，发现放出许多气泡。当时，人们并不认识这种气体。1776年英国化学家卡文迪许对这种气体发生了兴趣，发现它非常轻，只有同体积空气的6.9%，他还发现这种气体和一定体积的空气混合后，一点火就会爆炸。之后又发现氢和空气化合爆炸后，在器具上留有小水珠。经反复试验，他得出水是这种可燃气体和氧的化合物的结论。1783年，法国化学家拉瓦锡经过详尽研究，正式把这种物质取名为氢。

氢气一诞生，它的"才华"就初露锋芒。1780年，法国化学家布拉克把氢气灌入猪的膀胱中，制造了世界上第一个最原始的冉冉飞上高空的氢气球，这是氢最初的用途。1869 年，俄国著名学者门捷列夫整理出化学元素周期表，赫然坐在第一把交椅上的就是氢元素。此后他从氢出发，寻找其他元素与氢元素之间的关系，为众多元素的发现打下了基础，人们对氢的研究和利用也就更科学化了。

人们开始利用氢气只是用它比空气轻的特点。最初是法国人乘坐氢气球飞上了蓝天。1901 年，巴西人制作了使用氢气的飞艇。第一次世界大战结束后，飞艇开始用于民用方面，直到 1936 年前，充氢气飞艇一直风靡世界。后来由于发生了氢气飞艇大爆炸事故，氢气飞艇退出了历史舞台。新式飞艇改用氦气填充。

20 世纪 70 年代初开始，全世界面临着严重的能源危机。在人们寻找其他替代能源中，燃烧值巨大的氢成为首选能源。科学家们发现，只要存在充足的氧，氢气就可以很快地完全燃烧，产生的热量比同等质量的汽油高 3

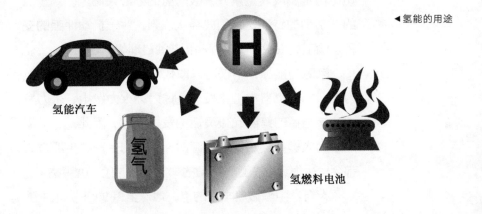

◀ 氢能的用途

氢能汽车

氢气

氢燃料电池

倍，比焦炭高 4.5 倍。

事实上，氢作为一种高效能源，近半个世纪以来，它一直在做贡献。1957 年，世界上第一颗人造地球卫星就是使用氢氧火箭送入太空的。在这前后，苏联与美国所发射的导弹武器也都是用液氢、液氧作燃料的。1968 年，"阿波罗号"飞船也是用氢、氧燃料为动力，实现了人类首次登上月球的创举。这一切都显示出氢燃料的功劳。许多实验数据证明，氢可能成为 21 世纪最重要的二次能源。

用氢作燃料，不仅热量大，而且污染少。一般化学燃料燃烧后会产生二氧化碳、一氧化碳、二氧化硫、碳氢化合物等有害物质，严重破坏环境；而燃烧氢时，它同氧化合生成水，这种水是纯净的，无任何害处。而氢本身也是无毒无味的，不会对人类和自然产生影响。

氢气可在 -253 ℃的低温下变成液态氢。因此，液态氢是储存在低温、高压的大圆筒——氢瓶里。除此之外，还可用金属或非金属元素吸附氢的办法来储氢。基于氢的一系列的特性，人们已经认识到，对于机动性强的交通运输工具来说，氢是汽油和柴油最理想的替代物。

以氢为能源，不仅可以取代汽油和柴油，还可以氢为燃料制成燃料电池来发电，成为继火力发电、水力发电、核电后的第四代最灵活的发电模式。因此，一旦氢能成为人类社会主要的能源时，人们的生产、生活方式都会发生很大的变化，所谓的"氢经济时代"就来临了。

大自然中蕴藏着丰富的氢，地球上每 90 千克水中就有 1 千克氢，来源稳定。除了大气中含有氢以外，它主要和氧化合成水，广泛存在于地球上。科学家认为，人类可以永久利用的能源除了太阳能、地热能之外，主要就是氢能和以重氢为燃料的核聚变能。

氢能既然有如此之多的好处，可是为什么今天还不能广泛利用呢？其实原因十分简单，一个是氢气的储存非常困难，氢气的渗漏速度是水的 200 倍以上，还需要在高压、低温的条件下方能储存。还有一个原因，就是单质的氢过于活泼，而一旦氢结合成化合物之后，化合物又非常稳定难以分解，因此制氢工艺难度很大。

（周 戟）

氢的制备

～～～～～～～～～～～～～～～～～～～～～

　　尽管氢是自然界最丰富的元素之一，但是天然的氢在地面上却很少有。通常制氢的途径有：从丰富的水中分解氢，从大量的碳氢化合物中提取氢，从广泛的生物资源中制取氢，或利用微生物生产氢等等。各种制氢技术均可掌握，但是作为能源使用，特别是普通的民用燃料，首先要求产氢量大，同时要求价格较低，即经济上合算，这是选择制氢技术的标准。就长远和宏观而言，氢的主要来源是水，以水裂解制氢应是当代高技术的主攻方向。

　　到目前为止，从水中制取氢的方法主要有热解法、电解法和光解法。

　　热解法制氢：需要把水加热到 3 000 ℃以上。这时，部分水蒸气可以热解为氢和氧，但是技术上的困难是高温和高压。较有希望的是利用太阳能聚焦或核反应的热能。关于利用核裂变的热能分解水制氢已有各种设想方案，至今均未实现。人们更寄希望于今后通过核聚变产生的热能制氢。

电解法制氢：人们最早的制氢方法就是从电解水开始的，至今仍然是工业化制氢的重要方法之一。尽管改进型的电解槽已把电耗降低了许多，但还是工业生产中的"电老虎"。若用燃烧石油、煤炭来发电（火力发电），再用电来制取氢，显然，用这样得来的氢以取代煤和石油是得不偿失的。其成本比石油至少要贵 3 倍，而且并未根本解决燃烧煤和石油对环境的污染。为此，目前氢燃料只用于专门用途，如推进太空火箭或在航天器中维持燃料电池。这是利用氢燃料的优异性能，目的并非以氢代石油。以氢代石油，只有在太阳能发电的成本大大低于火力发电的价格时，利用太阳能发电制氢才可能被大规模地商业化使用。

光解法制氢：20 世纪 80 年代末，国际上出现了光解海水制氢的方法。由于激光诱导制膜技术有所突破，制成了新型的金属 / 半导体 / 金属氧化物光电化学膜，用此膜作为电解海水的隔膜，能使海水分离制得氢和氧。其电耗低，转换率达到 10% 左右。此方法已引起各国科学家的关注。

目前，工业制氢方法主要是以天然气、石油和煤为原料，在高温下使之与水蒸气反应，从而制得氢。也可用部分氧化法等其他方法获得氢气。这些制氢的方法在

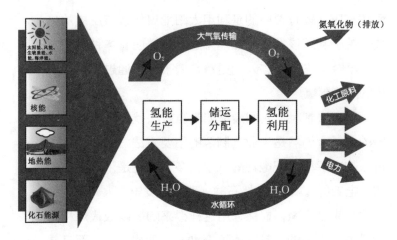

制氢途径及
应用 ▶

太阳能、风能、生物质能、水能、海洋能

核能

地热能

化石能源

大气氧传输

O_2 O_2

氮氧化物（排放）

氢能
生产 → 储运
分配 → 氢能
利用

化工原料

电力

H_2O H_2O

水循环

工艺上都比较成熟，但是以化石能源和电力来换取氢能，在经济上和资源利用上都不合算，而且对环境还造成污染。为此，现在以化石燃料制氢的目的并非以氢为能源，而是以氢为化工原料，用于维持电子、冶金、炼油、化工等方面的需要。

近来在国外已成功使用的硫化氢制氢的方法，不失为是一种制氢的好方法。在石油炼制、煤和天然气脱硫过程中都有硫化氢产出，自然界也有硫化氢矿藏，或伴随地热等的开采也会产生硫化氢。用硫化氢制氢包括气相分解法（干法）和溶液分解法（湿法），都能同时获得硫黄和氢气。尽管这种工艺需要一定的高温（600 ℃）和适当的催化剂，或经过光照等措施，但是用这种方法制氢能化害为利，既能制得氢气，又能清除污染。

说起化害为利的制氢方法，我国研制成功的"烟气中氧化硫制氢技术"与硫化氢制氢有异曲同工之妙。这是利用烟气脱硫产物——稀硫酸与废金属经液相氧化反应进行制氢。令稀硫酸与废铁屑作用生成氢气和硫酸亚铁，此为污染源（烟气）资源化的新途径。该项目是我国"九五"国家重点科技攻关计划专题。中试（中间试验）研究已通过"九五"国家级验收，已申报国家发明专利。

利用生物方法制氢是一种很有发展前途的制氢方法。现代科学已经知道，几乎所有的光合细菌都可以放出氢气，50%以上的藻类植物在一定的条件下也可以放出氢气。如蓝绿藻既能进行光合固氮，又能进行光合放氢，即在光合作用的同时，释放出分子状态的氢气。

利用生物制氢的另一种方法是用发酵菌制氢，它们能够在发酵的过程中放出氢气。我国生物发酵制氢技术研究于1990年在哈尔滨工业大学正式开展，该技术以有机废水为原料，利用微生物菌群的发酵作用生产氢气。这样便能在处理高浓有机废水的同时制得氢气和甲烷。该项目于1999年完成了中试研究，其试验成果达到了国际先进水平。

科学家们认为，一旦太阳能技术得到重大突破，太阳能制氢将随之成为很有前途的制氢方法。太阳能制氢也有多种方法，但不外乎电解、光解和热解。只是目前大都尚处于试验阶段，批量投产的不多。

（周　载）

太阳能制氢

～～～～～～～～～～～～～～～～～～～～～～～～～

　　氢能是未来的理想能源，它来源丰富、洁净、热效率高。作为能源，必须要解决工业化大生产的问题，但是目前的制氢技术尚不过关。用传统的以化石燃料为原料制氢，或用电解水的方法制氢，不仅经济上不合算，而且资源利用也不合理，有些还会造成环境污染。因此，科学家们把研究方向指向了用太阳能为一次能源的制氢方法。

　　用太阳能制氢，由于工艺过程不同，开展研究的有用太阳能电解水制氢、太阳能热化学制氢、太阳能光化学制氢、太阳能光解水制氢及太阳能热解水制氢等方法。

　　太阳能电解水制氢：电解水制氢是获得高纯度氢的传统方法。其原理是将酸性或碱性的电解质溶入水中，以增加水的导电性，然后让电流通过水，在阴极和阳极

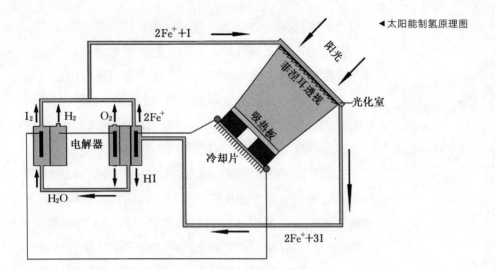

图中标注：

$2Fe^+ + I$

阳光

菲涅耳透镜

光化室

I_2　　H_2　　O_2　　$2Fe^+$

吸热板

电解器

冷却片

HI

H_2O

$2Fe^+ + 3I$

上分别得到氢和氧。太阳能电解水制氢的方法与此类似。第一步是通过太阳电池将太阳能转换成电能；第二步是将电能转化成氢。这就是"太阳能光伏制氢系统"。该方法从技术上看，实际上就是太阳能光伏发电和电解水制氢两者的结合。应该说这两项都是较为成熟的技术，因此单从技术层面上看似乎没有问题。但从经济上说，它还不如传统的电解水制氢。因为目前太阳能发电技术的产业化生产尚未过关，太阳能发电的成本比火力发电还高出2～3倍。也就是说，太阳能电解水制氢的成本要比传统的电解水制氢高出2～3倍。目前来看，它肯定无法与传统的电解水制氢相竞争。该方法只有等太阳能发电技术取得重大突破，使生产成本大幅度下降的情况下，才可能大规模地投入生产。

太阳能热化学制氢：太阳能热化学制氢的原理是利

用太阳的热能促进化学反应而制得氢气。这是率先实现工业化生产的比较成熟的太阳能制氢技术之一。它的优点是生产量大，成本较低，许多副产品也是有用的工业原料。其缺点是生产过程需要复杂的机电设备，并需强电辅助。目前比较具体的工艺有太阳能硫氧循环制氢、太阳能硫溴循环制氢和太阳能高温水蒸气制氢等。

太阳能光化学制氢：太阳能光化学制氢是利用太阳光的能量，在某些催化剂的作用下，使含氢物质分解而制得氢气。目前光化学制氢的主要光解物（含氢物质）是乙醇。乙醇是很多工业生产中的副产品，也容易从农作物中得到。在适当条件下，阳光可使乙醇分解成氢气和乙醛。阳光使乙醇分解的条件相对比使水分解的条件要容易些，但是乙醇是透明的，它不会直接吸收光能，必须加入光敏剂（对光敏感的催化剂）。目前，科学家们选用的光敏剂主要是二苯酮。二苯酮能吸收可见光，并通过另一种催化物——胶状铂使乙醇分解，产生氢。然而，二苯酮只能吸收可见光谱中有用能量的 5% 左右，因此科学家正在探索能提高二苯酮吸光率的新催化物。

太阳能光解水制氢：20 年前，化学家们就提出了用太阳能光解水制氢的设想，但由于一直没有找到能用于批量生产的催化剂，所以至今仍停留在实验室试验阶段。在试验中，化学家发现比较有效的催化剂是二氧化钛（里面充满氧化铁）或者在水中放入一些钌化物，这样，在阳光照射下，水就能不断分解成氢和氧。目前试验的结果，利用太阳能的效率已达到 10% 左右。

日本理工化学研究所在 1989 年首次实现了利用太阳可见光分解水而获得氢的突破。其方法是在硝酸钾（电解质）水溶液中浸入一根 n 形硫化镉半导体电极和一根纯铂电极，把两根电极连接起来。然后把阳光收集器聚集的阳光照射到硫酸镉半导体电极上。由于这种半导体具有与阳光中的可见光接触就能产生电流的性能，因而就在硝酸钾水溶液中引起化学反应，使水分解成氢和氧，氧从半导体电极上产生，氢则从铂电极上产生。

这种方法看起来与电解原理相同，但它的独特之处是，虽然在电路中有电流通过，但却不是使用电池等外电源，而是使用遇到可见光后就产生电流的半导体作电源。因此，硫化镉半导体是使光能转变成电能的关键。

目前太阳能制氢虽然有多种途径，但大都尚处于探索试验阶段，而且多数技术都与太阳能技术的开发有关。随着太阳能发电技术和太阳能热利用技术的发展，太阳能制氢技术也将会随之而有所突破。

（周　载）

即将投入生产的生物制氢

　　人类社会正处于能源结构大变革的转折期，正从不可再生的矿物能源和电能向可再生能源和电能、氢能转变。其中，氢能将在能源结构中占据重要的地位。它将替代汽油、柴油用于各种交通工具，以及作为燃料电池的燃料用于发电。氢作为一种极为理想的"绿色能源"，其发展前景是十分光明的。

　　现在的问题是氢气制备的困难。从目前世界产氢量来看，96% 是由天然的碳氢化合物——天然气、煤、石油产品中提取的，4% 是采用水电解法制取。由于传统的化学方法制氢要消耗大量的矿物资源，而且在生产过程中产生的污染物对地球环境会造成破坏，为此，已不适应社会发展的要求。而用电解法制氢，要消耗大量电能，在大多数场合下是得不偿失的。与传统的物理、化学方法相比，生物制氢具有节能、可再生和不消耗矿物资源等许多突出的优点，所以科学家和企业家们都认为生物制氢与太阳能制氢同样是未来氢生产的发展方向。

所谓生物制氢，就是利用各种有机物和微生物制得氢气。目前常用的有机物（底物）为葡萄糖、纤维素和有机污水等，而用于制氢的微生物则有许多种。早从1942年起，科学家就开始了利用微生物产生氢气的最初探索。近些年来，他们先后发现了不少能够产生氢气的细菌，这些细菌属于两大类：一类是绿藻、蓝细菌和光合细菌等，这类微生物需要在光的作用下才能产生氢气；另一类是发酵菌，它们能够在发酵的过程中释放氢气。

目前，国际国内对这两大类微生物产氢都有研究，大都尚处于实验室试验阶段。国际上，如日本、美国、德国、以色列、俄罗斯、瑞典、英国等都投入了大量的人力物力对该项技术进行研究开发。在国内，如中国科学院微生物研究所、上海植物生理研究所、上海交通大学等对光解生物制氢技术都有研究，而发酵法生物制氢技术的研究则以哈尔滨工业大学最具代表性。

到目前为止，科学家们发现，与光解法生物制氢相比，发酵法生物制氢技术在许多方面表现出更多的优越性。首先，发酵产氢菌种的产氢能力要高于光合产氢菌种，而且发酵产氢细菌的生长速率一般比光解产氢生物要快。用发酵菌产氢所需的有机底物来源广，一般可降解的工农业有机废料都可能成为生产的原料。发酵法制氢的工艺不但可以实现持续稳定产氢，而且反应装置的

▲ 研究人员正在研究
利用藻类生产氢

设计、操作及管理简单方便。发酵法生物制氢技术较光解法生物制氢技术更容易实现规模化的工业性生产。

我国发酵法生物制氢技术研究于 1990 年在哈尔滨工业大学正式开展。该技术以有机废水为原料，利用驯化厌氧微生物菌群的产酸发酵作用生产氢气，是一项集生物制氢和高浓度有机废水处理为一体的综合工艺技术。该技术在处理高浓度有机废水的同时，回收了大量的清洁能源和甲烷，其试验成果达到了国际先进水平。在这项技术中，反应器中的厌氧活性污泥来源广泛，系统启动时只需对所接种污泥进行一定的驯化，就能达到连续产氢的目的。1994 年完成连续流小试研究，1999 年成功地完成了世界上首例中试研究，其成果被评为"2000 年中国十大科技进展新闻"之一，在国际上引起较大反响。

2003 年，一项世界瞩目的"有机废水发酵法生物制氢技术"作为黑龙江省首项生物制氢示范工程项目，落户哈尔滨工业大学科技园产业化基地环保生物城（位于哈尔滨市高新技术开发区内）。这是生物制氢技术进入产

业化阶段的开始。该项目投资 2 500 万元，占地面积 2.1
万平方米。"有机废水发酵法生物制氢技术"是哈尔滨工
业大学在世界上首次研究成功的新型制氢技术，开创了
利用非固定菌种生产氢气的新途径，创立了连续流混合
菌种发酵法生物制氢的新工艺和新设备，比传统方法制
氢节省成本费 50%，氢气纯度大于 99%。预计每天产氢
600 立方米，日产值近 1 万元。产值虽然不高，但在生
物制氢产业化生产的领域中，却是"第一个吃螃蟹"的
企业。

（周　载）

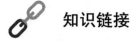

知识链接

生物制氢的方法

生物制氢是可持续地从自然界中获取氢气的重要途径之一。现代生物制氢的研究始于20世纪70年代的能源危机，1990年因为对温室效应的进一步认识，生物制氢作为可持续发展的工业技术再次引起人们重视。

生物制氢的方法主要有：光解水制氢、光发酵制氢、暗发酵制氢、光发酵和暗发酵耦合制氢。正在研究的产氢生物类群有光合生物（绿藻、蓝细菌和厌氧光合细菌）、非光合生物（严格厌氧细菌、兼性厌氧细菌和好氧细菌）等。

储氢——新型"氢气瓶"

～～～～～～～～～～～～～～～～～～～～

氢很轻，又容易燃烧，是一种既不便携带又不安全的气体。要有效地利用氢能，需要解决氢的储存和运输问题。

目前的储氢方法有物理和化学两大类。物理方法主要有：液氢储存、高压氢气储存、玻璃微球储存、炭吸附储存、碳纳米管储存等。化学方法主要有：金属氢化物储存、有机物储存、无机物储存、氢化铁吸附储存等。

各种储氢方法各有其优缺点。如液化储氢的储氢量较大，因为液氢的密度为气态氢的 845 倍。但液化储氢面临两大技术难关：一是氢在液化时能耗大；二是液态氢低温储存时容器的绝热问题，当绝热不理想时，液氢的蒸发损失很大。

金属氢化物储氢是利用某些金属或合金与氢反应后，

新型氢气瓶 ▶

以金属氢化物形式吸氢，生成的金属氢化物加热减压后能释放出氢气。有些金属氢化物储氢密度可达标准状态下氢气的 1 000 倍，与液氢相近，甚至超过液氢。金属氢化物储氢的主要缺点是，由于储氢金属自身有重量，致使储氢金属单位重量的储氢能力低。另一方面，金属氢化物经多次使用后易变质，并降低储氢性能。常用于制备金属氢化物的金属有钛系、稀土系和镁系等。

碳纳米管是很有发展前途的储氢材料。美国麻省波士顿东北大学的一个科研小组在 1997 年初宣布，他们用石墨超细纤维（碳纳米管）在室温下可储存 3 倍于其自身重量的氢，比现在任何储氢材料的储氢量都要大 10 倍以上。

石墨超细纤维为什么能储存如此多的氢，其机制目前不完全清楚。石墨超细纤维的长度为 5 ～ 100 毫米，直径则只有 5 ～ 100 纳米，将这些超细纤维堆积成石墨薄层，这种结构是储氢能力极高的关键。该科研小组的负责人罗德里格兹说，每克单晶石墨可吸收 6.2 升氢，其上限甚至可达 30 升氢。他认为，超细石墨纤维之所以有如此高的吸氢能力，是因为通过毛细管作用使几层氢分子凝聚在堆积的石墨薄层之间的缝隙内，缝隙的距离有 0.34 纳米，而氢分子的平均直径一般只有 0.26 纳米。当氢分子和石墨中的电子强烈地相互作用时，就可能在薄层之间的缝隙内挤进去好几层氢分子。这是因为当氢分子被吸收时，它们就损失了大量的振动能和旋转能，有效半径就会降低为 0.064 纳米，为更多的氢分子留下了足够的空间，从而大约可容纳 5 层氢分子。

狭窄的缝隙还能阻止氧和其他较大的分子从外面挤进去，这样就可以使爆炸的可能性减少到最低程度。

现在罗德里格兹已找到了生产这种纤维的方法，但出于商业的目的，他们不肯提供具体的细节，只是轻描淡写地说，这种工艺可以使每千克超细石墨纤维的成本只需不到 1 美元。

为了把氢注入所有超细石墨纤维内，首先必须经过酸洗，从催化剂上去掉金属杂质，然后加热到 900 ℃，并放在真空中以去掉石墨薄层之间狭缝内的任何其他气体。然后再用 120 个大气压的压力将氢注入石墨纤维内。大约用 2 ～ 24 小时的时间，就可以使之完全充满氢气。然后必须维持在 40 个大气压力下。当使用时，可逐渐降低压力，这时氢气就会释放出来以供使用。

用碳纳米管储氢，我国也有研究，并已取得可喜的进展。2002 年，清华大学吴德海教授所领导的碳纳米材料研究小组发现了一种经处理后表现出显著储氢性能的碳纳米管。他们对处理过的碳纳米管的储氢特性进行了系统研究，发现这种碳纳米管具有许多全新的力学、电学、热学和光学性能，尤其是将它混以铜粉后，表现出了显著的储氢性能。课题小组将碳纳米管制成电极，进行电化学实验，结果表明，混铜粉的碳纳米管电极的储氢量是不混铜粉电极的 10 ～ 13 倍。

（周　载）

新型发电装置——燃料电池

氢能的广泛利用主要是通过燃料电池来发电。

燃料电池是一种将燃料化学能通过电极反应直接转换成电能的装置。这种装置的最大特点是由于反应过程不涉及燃烧，因此其能量转换率高达60% ~ 80%，实际使用效率则是普通内燃机的2 ~ 3倍。燃料电池除了效率高以外，还具有排气干净、噪声低、对环境污染小、不需充电、燃料多样化、可靠性和维修方便等优点。在燃料电池中最理想的燃料是氢。

氢燃料电池本质上就是水电解的一个"逆"装置。在电解水的过程中，通过外加电源将水电解，产生氢和氧；而在燃料电池中，则是氢和氧通过电化学反应生成水，并释放电能。

燃料电池的工作原理与普通化学电池相类似，然而

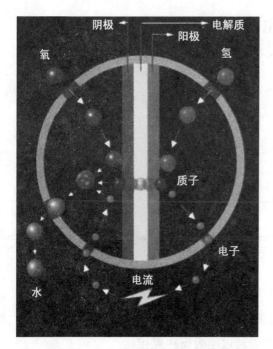

阴极 ← → 电解质
→ 阳极
氧　　　　　　　氢

质子

电子

电流

水

▲ 燃料电池工作原理

从实际应用来看，两者存在着较大差别。普通电池是将化学能储存在电池内部的化学物质中，当电池工作时，这些有限的物质发生反应，将储存的化学能转变成电能，直至这些化学物质全部发生反应，电池便告用完。对于原电池而言，电池放出的能量（使用寿命）取决于电池中储存的化学物质的量，对于可充电电池而言，则可通过外部电源进行充电使电池工作时发生的化学反应逆向进行，得到新的活性化学物质，电池可重新工作。因此，实际上普通电池只是一个有限的电能输出和储存装置。而燃料电池则不同，参与反应的化学物质氢和氧，分别由燃料电池外部的单独储存系统提供，因而只要能保证氢氧反应物的供给，燃料电池就可以连续不断地产生电能，从这个意义上说，氢燃料电池是一个氢氧发电装置。

国际能源专家认为，氢燃料电池兼具发电设备和动力设备的双重功能：它既是继蒸汽机、内燃机后的第三代动力系统，又是继水力、火力、核能之后的第四代发电设备。氢燃料电池不仅可提供现代交通工具所需的理想的动力燃料，而且也是一座座分散的小型发电厂，给千家万户提供电力，避免大电网断电给社会造成巨大的损失。为此，美国《时代周刊》将氢燃料电池评为 21 世纪对人类生活具有最大影响的十大技术之一。

▲ 氢燃料电池

燃料电池按电池内所用的电解质不同，分为碱性燃料电池、磷酸盐燃料电池、熔融碳酸盐燃料电池、固体氧化物燃料电池和聚合物膜燃料电池。目前国内外较重视聚合物膜燃料电池的研究。

聚合物膜燃料电池在各类电燃料池中虽然出现较晚，但发展很快，其结构简单紧凑，比其他燃料电池有更加高的能量密度和功率密度，而且可快速启动，维护方便。现在人们普遍认为聚合物膜燃料电池最重要的用途是用于电动车，美国、加拿大、日本、德国等国早已推出了聚合物膜燃料电池电动样车。

目前，最接近实用的聚合物膜燃料电池以氢为燃料，以铂为电催化剂，以全氟磺酸膜为电解质。这种电池本身的技术性能已达到较高的水平，存在的主要问题是储氢的问题，且铂和全氟磺酸膜都很昂贵，电池的成本尚不能与多数应用相适应。

聚合物膜燃料电池除了用于电动汽车外，在其他应用领域同样也大有可为。日本三洋电机公司已开发出便携式燃料电池，这个燃料电池重28千克，能产生250瓦功率。

燃料电池的发展方向首要的任务是降低造价，才有可能参与市场竞争。同时，燃料电池的研制正在向大型化、小型化及多样化发展。当然，更主要的是燃料电池的发展有利于氢能的产业化发展。

（周 戟）

氢能汽车

~~~~~~~~~~~~~~~~~~~~~~~~~~~~~~~~~~~~~~~

2002 年北美国际车展上，当美国通用汽车公司总裁瓦格纳向在场的数百名来自世界各国的记者介绍"自主魔力"概念车时，几乎所有的人都为这个被称为"汽车工业百年来最伟大的变化"的构想惊呆了。在这款车上，没有发动机，没有变速器、传动轮等机械机构，甚至也没有方向盘……传统的汽车结构被彻底打破，以至通用公司负责该车研发的副总裁波立达博士认为，这是一款完全从零开发的新车，除了 4 个轮子以外，其余都与传统汽车不同。

众所周知，现在的汽车多用发动机驱动，然后通过变速器、传动轴等传动机构将驱动力分配到各个车轮。但是，这种机械机构不可避免地要占用一定的空间，从而限制了汽车的设计。为此，决心另辟蹊径的通用汽车

▲ 丰田公司的 MTR
氢动力原型车

公司首次将氢燃料电池和线传操控技术同时应用到"自主魔力"汽车上。其中，可以化整为零、灵活组合的氢燃料电池组取代了发动机。在燃料电池中，氢和氧化合直接产生电流，再由电动机开动汽车。而线传操控技术则是通过电子方式，使车的操控系统、制动系统和其他车载系统能够进行控制。这样，没有机械结构束缚的"自主魔力"汽车，将汽车简化为两部分：底盘和车身，并且这两部分之间可以进行组合。

可以设想，未来的汽车将核心部分都装在了底盘上，而车身则用来体现个性的需要。用户完全可以购买一个底盘和多个与之相配的车身，根据不同需要，更换不同的车身，而形成跑车、轿车等等不同的车型。这样就相当于同时购买了多辆汽车。况且，由于底盘不再存在机械磨损的问题，汽车的使用寿命可大大延长。

尽管"自主魔力"车具有划时代的意义，但对于目前的制造技术水平来说，"自主魔力"还只是一个概念，准确地讲，仅是一个伟大的商业构想。瓦格纳表示，当年年底的欧洲车展上，通用将展出可以驾驶的"自主魔力"概念车，但是要实现批量生产，则需要 10 年左右的时间。波立达博士也坦言，"自主魔力"的氢燃料电池技术还存在制造成本高、氢燃料不易储存和加氢网点少等三大挑战。

以氢代汽油做汽车的燃料，已经过日本、美国、德国等许多汽车公司的试验，技术上是可行的，目前主要是廉价氢的来源和燃料电池的成本问题。

另外，在车上储存氢燃料也是一个比较困难的技术，它关系到汽车续驶里程、存储装备的大小等一系列问题。在常用的储存方法中，无论是液化、加压，还是用与其他元素结合的固态氢化物来储存，都还有很多技术上的问题。现在新一代的燃料电池虽然比以前的体积大大减小，相对于汽车还是太大了。

至于加氢网站，从技术上看，可以用机器人来操作超低温的液态氢。大众和奔驰两家汽车制造厂与德国的头号石油公司亚拉公司已经联手研制出了这种机器人加氢站。

2004 年，通用汽车与壳牌氢能源公司联合宣布，全球第一个加氢加油站在美国首都华盛顿建成。通用汽车在该地区进行示范运行的 6 辆氢燃料电池车成为了其首批客户。

据介绍，新落成的加氢加油站同时为消费者提供普通汽车的加油服务和燃料电池车的加氢服务。其加氢设备的设计兼顾考虑了目前燃料电池的两种氢存储方式，提供液氢和压缩氢气。波立达博士认为，加氢加油站的建成将会对全球汽车产业具有里程碑式的意义，让所有人能切实看到氢能源所带来的优势；同时有助于通用汽车与壳牌能源公司进一步完善燃料电池技术，为氢经济蓝图的最终实现提供更多的实践支持。

尽管首座加氢加油站已经落成，但问题还在于加氢网站的数量。为了满足大批量的氢能汽车投入运营，政府需要建立数量众多的加氢网站，这笔投资将是十分巨大的。

目前看来，氢能汽车投入产业化生产尚有一些技术上和经济上的问题需要解决。比较现实可行的是采用氢气与汽油混烧的掺氢汽车。掺氢汽车的发动机可以用原有的发动机，只要稍加改变或不加改变，即可提高燃料利用率和减轻尾气污染。使用掺氢 5% 左右的汽车，平均热效率可提高 15%，节约汽油 30% 左右。因此，近期可多使用掺氢汽车，待氢气大量供应后，再推广全燃氢汽车。德国奔驰汽车公司已陆续推出各种掺氢汽车，其中有面包车、公共汽车、邮政车和小轿车等。

（周　载）

"氢经济时代"渐行渐近

2004 年 5 月 25 日北京，大雨滂沱中，由警车开道，一列车队行进在北京街头。排在车队最前列的是与众不同的奔驰牌燃料电池轿车和大客车，以及清华大学研制的燃料电池大客车，沿途引来了众多人士关注的目光。车队最终到达人民大会堂，来自世界各国的政府高层官员、企业家、专家学者和投资者共 700 余人从车中鱼贯而出，参加在这里举行的第二届国际氢能论坛。如此高规格的论坛，不由得使人们预感到，"氢经济时代"已渐行渐近了。

所谓"氢经济"，就是以氢为能源而驱动的经济。人类社会目前正处于"碳氢（碳氢化合物）经济"时代，化石能是主要的能源。化石能是一种有限的、不可再生的，以及有污染的能源。因此，开发和利用来源更为广

氢燃料发电机
备用供电系统
氢燃料电力
车队加氢
社团用氢
工业用氢
供氢站
氢库
氢罐
加氢机
氢
家庭用氢
个人氢燃料设备
初级能源供电
住宅储氢装置

▲ 氢经济时代的城市示意图

泛、清洁、高效的新能源已刻不容缓，而氢能就是这种理想的新能源。

以氢为主要能源驱动社会经济将有以下诸多好处：第一，由于氢能来源广泛，分布相对均匀，人们都有机会获得和使用，因此，人们称氢能为"民主能源"。发展氢能可以减少因抢占能源而引发的冲突和战争。第二，氢能是可再生、无污染的，以氢能为基础的"氢经济"将是人们梦寐以求的、可持续的绿色经济。第三，氢能的使用将使能源的生产、分配和使用方式发生彻底改变。

氢经济是一项系统工程。它包括制氢、储氢、输氢、用氢、基础设施建设、氢安全法规等。

制氢：目前世界各国的制氢技术主要以石油、天然气的蒸气重整和煤的部分氧化法为主，传统的电解水制氢也占一定的比例。但用这种制氢法制得的氢，只能供应化工、电子、冶金等行业的需要，用作能源则既不经济又不够用。为此，发展氢经济必须以可再生的太阳能或生物能为一次能源来制氢。

储氢：氢的储存也是一个难题。高压和液氢储氢是比较传统和成熟的方法。而利用储氢材料储氢是近二三十年才发展起来的。主要用的是：金属材料储氢、非金属材料储氢和有机液态储氢材料。但用储氢材料储氢的技术，还正在研发之中。

输氢：输氢的方式多种多样。目前多为现场制取现场使用。当然也有少数的管道和车辆输送。氢的运输可以是气态、液态和氢化物。无论哪种状态都可以使用管道和车辆输送。在未来的氢经济时代，应该建成全国性的管道输氢网络，才能满足作为能源供应对氢能的需要。

用氢：氢能可以通过涡轮机、内燃机、燃料电池转化成机械能、电能、热能。氢作为航天飞机发动机燃料的技术已相当成熟，而作为涡轮机、汽车内燃机燃料的技术还处在研究、试验阶段。目前已开发出多种燃料电池，但还没有一种燃料电池技术可完全满足商业化的各种指标要求。

"氢经济"是未来社会的基础，这个观点已被许多国家的领导者所接受，尤其是发达国家。为了抢占未来的制高点，美国、欧盟、日本等国都纷纷制订发展"氢经济"的蓝图。美国在 2002 年出台了题为《国家氢能发展蓝图报告》的规划。报告认为，氢能是美国未来能源的发展方向，美国要走以氢能为能源基础的经济发展道路，向"氢经济时代"过渡。美国在其后发表的《美国向氢经济过渡的 2030 年远景展望报告》中建议，美国向"氢经济"过渡应采取三步走战略：

第一步，技术研发、政策制定和市场培育阶段。在该阶段首先要对氢能的生产、运输、存储、应用所需关键技术进行研发、试验和示范，为发展"氢经济"提供技术支撑。技术研发的重点是氢的生产技术、固态存储技术、以氢为燃料的内燃机技术，以及如何降低燃料电池的成本等。

第二步，向市场过渡。在此阶段氢能的生产技术已相对成熟，且多元化；氢的运输、存储会更加经济、安全、高效；燃料电池、氢燃料发动机、涡轮机的成本会大大降低，性能更加优异。此外，政策环境、市场环境也将有利于氢能的发展，从而使氢能正式进入市场，与其他能源特别是化石能源进行市场竞争。

第三步，扩大市场和完善基础设施建设。

"氢经济"是人类社会向往和追求的理想经济体系，但发展"氢经济"还面临很多困难和挑战，而实现向"氢经济"过渡更是一个漫长的过程。但"氢经济"是人类社会的发展方向，人们有理由相信，经过几代人几十年的不懈努力，发展"氢经济"的美好愿望会得到实现。

（周　载）

初显身手的能源金属

2003 年 3 月 6 日上午 9 点整，在上海华泾路的一个厂房内，聚集着许多中外专家和众多媒体的记者。他们的视线都聚焦在厂房中心的一辆汽车上。这辆车虽然外表与其他汽车并没什么不同，但它却没有发动机，没有汽缸、变速箱，也没有排气管，取而代之的是电机、控制器和一排排锌空气金属燃料动力电池。

"这种车能跑吗？"人群中有人疑惑地问。就在这时，车却毫无声息地启动了，还掉了个头向厂房外驶去。有人蹲下身闻了闻，果然没有任何废气的味道。这时，车越跑越快，但仍然没有那隆隆的车声。顷刻间人群中爆发出热烈的掌声……这是我国首辆以锌空气燃料电池为动力的电动汽车公开亮相。在这之前，它已完成行程超过 200 千米的杭州至上海的实际行驶试验。

我国主要铅锌矿资源
分布略图 ▶

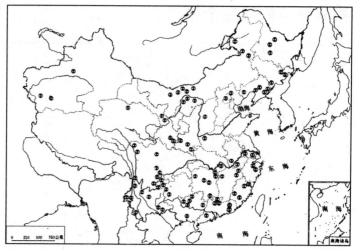

　　锌空气燃料电池是当今世上公认的最佳的动力电池，它使用经过类似"膨化"处理的锌金属板为阳极，以空气为阴极，用氢氧化钾作为电解液，使锌高强度氧化产生的化学能转化为电能来工作（此过程中锌的氧化与煤氧化燃烧相似，故也称其为燃料）。据专家们介绍：当今世上已被人们研制出来的动力电池有若干不同的品种。其中锂离子电池的呼声最高。它的能量密度大，但是性价比、安全性差，若用作车用动力电池易燃易爆。而且，现有的锂离子电池工艺也不够成熟，目前还不可能大规模推广。在燃料电池中，氢氧燃料电池是最好的，因为全球无论是海洋中、空气里，还是生物体内都存在大量氢氧化物，因此，不存在原料缺乏问题，而且在工作过程中不会产生任何污染，是十分理想的能源。但目前氢的提取技术还没能完全解决，加之储氢困难，使用的催化剂铂金属在全球储量十分有限等因素的制约，使其至少在近 20 ～ 30 年中很难实现商业化。在金属燃料电池中，铝空气电池和锌空气电池最有前景。铝空气电池潜在的重量能量比是锌空气电池的 2 倍，但是氧化铝的电解还原过程极其耗电，民用前景可说是微乎其微。而锌空气电池虽然在重量能量比上逊色于铝空气电池，但比当今已在广泛使用的铅酸电池则要高出 5 倍。每千克铅酸电池大约能提供 40 瓦时的电量，而同重量的锌空气电池则能提供 200 瓦时的电量。另外，人们还估计，随着技术的改进，锌空气电池的重量能量比还能再翻一番。更重要的是，锌空气电池还是一种十分清洁的能源，它也几乎不会产生什么污染。使用完后，用户可以在"换电站"进行更换。在换电站，人们则只需对已氧化的锌板进行还原处理，然后又可重复使用。在这过程中，即使有少量锌的损耗，由于锌是许多生物包括我们人类必需的微量元素，因此它的耗散也不会像铅那样给环境带来危害。

　　锌空气电池还有一个优势，就是它具有较丰富的资源量。已知锌在地壳中的平均含量是 0.009 4%，相当于核能资源铀的 55 倍，是金的 1.4 万倍，比铅也要高出 7.8 倍。可见在地球上，锌并不十分稀缺。在自然界，锌多以硫化锌（闪锌矿 ZnS）、氧化锌（红锌矿 ZnO）、碳酸锌（菱锌矿 $ZnCO_3$）等状态产出。其中尤以硫化锌最为常见。当今人们开采的锌矿藏，矿石中锌的平均品位一般在 1% 以上，也即此时锌的富集程度要比地壳平均含量高出 100 倍以上。已知世界上的锌矿藏大致有两大类型。一类为层控型矿床，它包括沉积改造和火山沉积，是世界上最重要的锌金属来源，拥有许多世界著名的特大型铅锌矿床（锌经常与铅共生）。如澳大利亚布罗肯希尔铅锌矿，金属储量超过 5 000 万吨，品位高达 25% 左右。美国密西西比河谷的维伯纳姆矿带，也拥有金属储量 3 000 万吨，品位 4% ～ 6%。我国云南兰坪金顶的铅锌矿也属于此种类型。另一类是热液矿床。此类矿床的规模不如前者，多为中小型但分布相对广泛，尤其在我国分布较广，几乎全国大部分省（市）都有发现。截至 1999 年底的统计，世界上锌矿储量最多的国家是澳大利亚，次为美国，我国则位居第三。其中我国的锌资源量为 9 172 万吨，约占世界总资源量的 10.7%。它们主要分布在陕甘、川滇、湖南、广东、辽宁、内蒙古等地。另外，人们还预测我国尚有潜在的铅锌资源 5 亿吨（一般情况下铅锌资源比在 1:1.2 ～ 2.5 间）。显然，这丰富的潜在资源将为我们发展锌空气电池奠定良好的物质基础。

▼ 铅酸电池（12 伏）

众所周知，由于环境和石油危机问题的日益严重，许多有识之士纷纷呼吁废弃使用燃油发动机的交通工具，改用电动车辆。许多国家也把电动车的发展列入可持续发展战略的一个重要环节。又据了解，我国的电动自行车近几年有突飞猛进之势 2002 年全国销量比 2001 年增长了 100%，达到 100 万辆，2005 年达到 300 万辆。上海还计划把现有的 35 万辆燃油助动车全部用电动车来代替。其他城市也有类似计划。不过，现有的电动车都使用铅酸电池。它虽然避免了燃油排放温室气体等问题，但仍存在可能产生的铅污染，以及效能较低的问题（其一次行程只有 40 ～ 50 千米）。若能改装锌空气电池，不仅可使重量减轻 5 千克，一次行程可增至 150 ～ 200 千米，而且几乎是零污染。真是好处多多！

据报道，电动车有望首先在我国大规模投入生产。中国在今后 3 年中将加大投资力度，保证研究成果产业化。因为发展电动车将是我国在汽车整车研发水平方面赶上和超过世界先进水平的唯一希望。我国还为 2008 年奥运会开列出 20 亿元电动车订单，并规定只能是国内生产。承担大客车项目的是北方车辆工厂；承担纯电动轿车项目的是上海奇瑞和天津汽车；燃料电池客车则由清华大学和北京客车总厂合作研发。

（张庆麟）

零动力传输的范例——热管

~~~~~~

　　热管是一种高效传热器件，被称为"超导热体"，它可以将大量热量通过很小的截面积远距离地传输而不需外加动力。

　　热管的原理最早是由美国俄亥俄州通用发动机公司的高勒提出的，但却遭到了冷遇。时光悠悠，直到20世纪60年代，美国负责原子弹研制的洛阿拉莫斯国家实验室的格罗佛等研究工作者重新独立发明了类似于高勒提出的那种传热元件，可以用在航天器热控设备上，具有异乎寻常的传热能力，并正式取名为"热管"。从此，随着热管应用需求的强大牵引，众多科学工作者开始从事热管的研究，使热管得到了飞速发展：1967年，一根不锈钢水热管首次被送入地球卫星轨道，并取得热管运行性能的遥控数据，证明热管在零重力条件下能够成功运行。1968年，热管作为卫星仪器温度控制的手段，第一次应用于测地卫星，达到了减少卫星中不同应答器之间的温差。1970 年，热管的应用从航天扩大到地面。值得一提的是，在横穿阿拉斯加的输油管线工程中，工作人员就采用了热管作为管线的支撑以满足工程的传热需要。这项工程共使用了 11.2 万多根热管，单根热管的长度达到 9 ～ 23 米。

热管技术的发展促使热管技术的交流活动日益频繁。自 1973 年在德国斯图加特召开第一届国际热管会议至今，已召开过十七届国际热管会议。其中第十三届国际热管会议是在上海举行的（第八届国际热管会议是 1992 年在北京召开的）。除此之外，中日、中澳还多次召开双边和多边的热管技术研讨会。国内的热管技术交流会也十分活跃，从 1983 年起已先后召开过六届全国性热管会议。

热管的组成是很简单的，典型的热管由管壳、吸液芯和端盖组成。现以将铜管和水作为工质制作的热管为例来说明它的工作原理：铜管在高温端吸收热量，并将热量传给水，水吸热后变成蒸汽，蒸汽在压差作用下抵达低温端，同时又凝结成水，放出热量，然后，水又依靠重力回流到高温端。如果是在太空中失重状态下，由于水不能靠重力自然回流，热管还必须采用毛细材料进行特殊的毛细结构设计。

热管的最大优点是具有极高的导热性，其导热能力与银、铜、铅相比，差别达几个数量级，称热管为"超导热体"是很合适的。热管还具有优良的等温性、冷热两端传热面积的可调性和实现远距离传热、控制温度等一系列优点。根据热管的结构、材质和工作液体（工质）的不同，以及用途的各异，热管通常可以分成这样几种：若按照热管管内工作温度区分，有低温热管（-273～0 ℃）、常温热管（0～250 ℃）、中温热管（250～450 ℃）、高温热管（450～10 000 ℃）等；若按工作液体回流区分，有有芯热管、重力热管、重力辅助热管、旋转热管、电流体动力热管、磁流体动力热管、渗透热管等；若按结构形式区分，有普通热管、分离式热管、毛细泵回流热管、微型热管、平板热管、径向热管等；若按功用区分，有传输热量的热管、热控用热管、制冷热管、仿真热管等。

热管具有诸多优点，如极高的导热性、均温性，热流密度可以变化等，它在太阳热水器领域具有广阔的应用前景。目前，我国太阳能应用中热管技术主要集中在民用热水器上，如平板式热管太阳热水器和热管真空式太阳热水器。

热管太阳热水器的关键部件是热管，这种热管一般采用两相闭式热虹吸管。此种热虹吸管与普通热管一样，利用工质的蒸发和冷凝来传递热量，且工质不需外力而自行循环。由于热虹吸管没有吸液芯，冷凝液从冷液段返回到蒸发段不是靠吸液芯所产生的毛细力，而是靠自身的重力。该热管工作时具有一定的方向性，即蒸发段必须置于冷凝段的下方，这样才能使冷凝液靠自身重力得以返回蒸发段。现今大部分热管太阳热水器的吸热部分——热管，均采用这种两相闭式热虹吸管结构和工作原理。而从它的结构和工作原理中，我们不难看出，此种热虹吸管结构简单、制造方便、成本低廉，且传热性能优良、工作可靠。因此它是众多专业太阳热水器生产厂家首选的一种热管，受到广大热管太阳能工作者的青睐。

根据热管的工作原理，热管的结构可分成蒸发段（吸热）、绝热段（传热）和凝结段（放热）。热管中能使热管有效地进行热传递的部分就是工质，而工质在热管中温度变化的情况，将直接影响热管工作质量的好坏。液体从凝结段端开始流动，直至凝结段出口，沿着流动方向，液体平均温度是下降的，因为这正是热管的放热过程；在绝热段，液体由于与蒸汽换热而温度升高，这是热管的传热过程；在蒸发段，液体由于与壁面换热而温度迅速升高，直至液体平均温度高于蒸汽温度，液体又开始蒸发，这正是热管的吸热过程。

要想使热管能够有效地传递热量，必须使蒸汽、液体产生有效的循环，不能发生阻塞。为了保证热管的热循环能顺利地进行，除了保证热管的换热机制外，还应保证热管内部的 3 个部分（蒸发段、绝热段、凝结段）的体积分配比例关系恰当。而 3 个部分中蒸发段工质的多少最为重要，只要确定好了蒸发段的工质，其他两个部分的量就容易确定下来，这样就可以使热量的有效传递得到保证。

热管的研发和应用只有 50 多年的历史，它的发展是异乎寻常的。热管技术的明天也许会更加超乎想象。

（吴 沅）

冷热自有"掌舵者"——热泵

很多人对水泵是不陌生的，一台抽水泵利用人力或电力可以将深井中的水抽到地面上来，也就是说，水泵是把有形的水从低位送到高位。热泵则是把人们看不见的"热"从低位（低温）泵升至高位（高温）释放并加以应用，称为逆向循环。而正向循环是将热能转变成机械能的过程，比如蒸汽机火车是利用蒸汽热能推动活塞作机械运动，而使火车车轮转动，这就是正向循环的实例。

空调机和电冰箱等的工作原理与作逆向循环的热泵是相同的。前者我们已耳闻目睹，相当熟悉了，因此热泵实际上是个并不令人生疏的产品。其中的区别仅在于：若使用的目的是从低温热源吸走热量则称为制冷机，当使用目的是向高温热源释放热量则称为热泵。

热泵是一种高效节能装置，还具有缓解大气污染和温室效应的积极作用。

热泵按工作原理的不同，可分为蒸汽压缩式热泵、吸收式热泵、热电式热泵、蒸汽喷射式热泵和化学热泵等。按照驱动方式可分为电动机驱动和热驱动。若按热源形式，可分为空气源热泵、水源热泵、土壤源热泵、太阳能热泵和蓄热型热泵等。为了弥补单一热泵可能存在的局限性，还发展了复合热泵如太阳—空气源热泵、土壤—水源热泵、太阳—水源热泵、太阳—土壤源热泵等。

热泵的工作原理：热泵由压缩机、冷凝器、膨胀阀和蒸发器组成。其中压缩机起着压缩和输送制冷剂的作用，是热泵的心脏；冷凝器是热量输出设备，它将蒸发器吸收的热量连同压缩机所消耗的电功一起输送给供热对象；膨胀阀则起着对制冷剂的调节流量作用；蒸发器是热量的输入设备。通过制冷剂（亦称工质）不断完成蒸发→压缩→冷凝→节流→再蒸发这样一个循环过程，再在设备中增加一个控制工质流向的换向阀，使其完成与制冷过程相反的逆向热力循环，从低温热源处吸收热量，并将这些热量转送到受热区域，达到供热的目的，这就是热泵工作原理。

现在简要介绍几种热泵。

空气源（风冷）热泵：是以室外空气作为热源，具有简单、初期投资低、技术比较成熟、年运行时间长等特点。在冬季气候比较温和的地区，如我国长江中下游地区使用相当普遍，但在夏季高温和冬季寒冷的地区不仅热泵效率会大大降低，甚至无法工作，结霜和噪声大是其两大缺点。据统计，我国热泵空调器已占年空调器产量的 80%～90%，而用冷热水机组的热泵自 20 世纪 90 年代开始，在夏热冬冷的地区得到了广泛的应用，其中中央空调采用热泵冷热水机组的已占到 20%～30%，而且还有继续扩大的趋势。一个新的信号是空气源热泵热水器已在我国热水器市场上亮相，并获得好评。

水源热泵：是以水为载体，可高效地利用地下水、地表水、工业废水污水等作为低位水源，节能效果十分明显。由于水温度相对稳定，波动范围远小于空气温度的变化，因此水源热泵不仅性能稳定、工作可靠、运行费用低，还能一机多用，满足供暖、供生活用热水的需要。据美国环保署估计，水源热泵平均可节约 30%～40% 运行费用。缺点是受到可利用水源条件、水层的地质结构等因素的限制。北美、中欧和北欧各国对水源热泵进行了大量的应用研究和工程实践，已广泛应用于住宅、办公楼、商场和公共建筑中，效果良好。我国对水源热泵的应用已产生了较为浓厚的兴趣。中国建筑科学研究院空调所使大连电力大厦使用水源热泵，水源是发电厂的循环水，每年可节约运行费 5 万元 / 平方米。清华大学教授认为"一户一机、深井回灌"的水源热泵适合我国同时需要供热和空调的住宅小区使用。中国的水源热泵与国外相比还存在较大差距。

土壤源热泵：是利用地下岩土中储存的太阳能和地热能作为热源的闭路循环地源热泵系统。地源热泵在欧美等国已有几十年的使用历史。据 1999 年统计，地源热泵在家用供热装置中所占比例瑞士为 96%，奥地利为 38%，丹麦为 27%。我国的地源热泵技术尚处于研发阶段，但已有少数几家引进美国的地源热泵技术推出商用和家用机组。

太阳能热泵：一般是指利用太阳能作为蒸发器热源的热泵。可分为直膨式和非直膨式。这是将太阳能热利用技术与热泵技术有机结合起来的一种热泵。它也具有"一机多用"的优点，即冬季供暖，夏季制冷。在太阳照射条件良好的条件下，可以获得比空气源更高的蒸发温度，而且对室外气温下降带来的供热变化影响较小。它的造价与空气源热泵相当，但性能优于空气源热泵，无论在节能、安装及全天候性方面都显得很突出。日本、美国、澳大利亚、瑞典、土耳其、印度尼西亚等国均在大力发展太阳能热泵。太阳能热泵正在得到越来越广泛的关注。

蓄热型热泵：是为克服家用热泵在低温下使用时室外机出现结霜的现象，为了化霜，热泵会停止向室内供热或供热量很少，因而需要采取补救措施，即在一般的热泵系统增加一个蓄热器。当室外温度降到较低的温度时，由蓄热器的热量来弥补，使室外机避免出现结霜现象，也就不会影响热泵的正常工作。避免了间歇运行中的启动、停机，不仅有利于热泵的使用寿命，还可免去不必要的能源损耗，是大有发展前途的一种热泵系统。

（吴　沅）

激光能源

~~~~~~

　　当你走进歌舞厅时，可以看到激光影碟；当你去打印文件时会见到激光照排。更让人称奇的是，激光竟能帮助实现无性生殖。

　　激光，这一20世纪60年代才诞生的高科技名词，如今几乎家喻户晓，人尽皆知了。

　　激光也是光，但不是普通的光，而是一种具有高密度能量的特殊光，是在"受激辐射"条件下产生的。1958年，美国两位科学家首先公开发表了世界上第一个激光器理论研究成果与设计方案，激光器取名叫 Laser（莱塞）。1960年，美国科学家梅曼制成世界上第一台红宝石激光器。紧接着，1961年，我国第一台激光器创制成功。之所以称为创制，因为除了基本原理外，结构上完全出于自己的创造，与梅曼的激光器迥然不同，达到

激光炮塔

激光探测仪

◀ 机载激光
武器

世界先进水平。

激光具有一系列与普通光完全不同的特性。一是激光的方向性极强，就像一条直线笔直射出，如果将激光束发射到距地球 38 万千米远的月球上，激光在月球表面产生的光斑直径还不到 2 千米，而用最好的探照灯光束照到月球上，其光斑要达几百千米。二是激光的亮度极高，一台高功率固体激光器发出的光的亮度比太阳光的亮度要高出几千亿倍。一台普通的红宝石激光器发射的光在月球上产生的效果比星星高 100 倍，而且照在月球表面的红色激光斑明显可见。三是颜色很纯，也就是单色性极好。普通的白光是由各种颜色合成的光，因此它不是单色光（单色光的波长范围应小于十亿分之一米），激光完全可以视为极纯的单色光，可以用于测量长度，不仅能达到极高的精确度，而且能对超长距离进行精确测量。四是激光的相干性极好。所谓"相干"，就是波长的波峰相互重叠，波谷相互重叠，使光波的幅度加大的现象。激光就能做到这一点，相干性好，可将其能量汇聚在空间的极小区域内，引发核聚变。比如把核燃料做成比芝麻还小的微型小球，用激光去照射它，使微型小球被加热到上亿摄氏度高温，所产出的能量密度与原子弹爆炸时所得到的超高能量密度相当。激光在实际应用中只需取其特性之一二就足够了。

由于激光具有显著的特性，其发展异常迅猛，已经形成了激光物理及激光技术等专门的新兴学科，而且在国民经济、科学研究和军事工业中得到了广泛的应用。

激光加工：开始于 20 世纪 60 年代，是工业生产中最早应用激光的技术之一。激光加工分为两类。一类是利用材料吸收激光能量产生的快速热效应进行的加工过程，如切割、焊接、打孔、划片、成型及热处理等；另一类是利用光化学反应和伴随的热效应进行加工，如激光刻蚀等。

激光通信：是将激光束作为载送信息的载体，以电话通信为例，语音通过电信号发生器变成电信号，编码器对电信号进行编码，调制器则将已编码的电信号对激光束进行调制，使激光束随语音的变化而变化。接收时进行解调、解码，再将光信号转变成电信号，再还原成语音。激光通信的特点是：信息容量大，比电通信大 10 亿倍。通信质量高，可做到通话声音清晰，数据传输准确、图像传输色彩逼真，且保密性极好。更重要的是激光通信特别适合电视、图像和数据的传递。一对光纤可在 1 分钟内传递全套《大英百科全书》。

激光医学：是采用激光技术研究、诊断、预防和医治疾病的技术。激光医学技术能够解决许多传统医学所不能解决的问题，能治好过去被认为难治的疾病。

激光武器：与火炮、导弹等相比，具有许多优异性能。速度快，光束以每秒30万千米的速度传输，打击目标几乎无须计算提前量；摧毁力强，通过聚焦可达到极高的能量密度，使目标汽化、熔化、穿孔、断裂甚至爆炸；价格低，每发数千美元，远低于防空导弹的单发费用（每发30万至50万美元）；转移火力快，能在极短时间内转移射击方向，是拦截多目标的理想武器；抗干扰能力强，目标几乎不能利用电磁干扰手段避开激光武器的射击。激光武器已被广泛使用于防空、反坦克、轰炸机自卫、卫星作战等方面，并显示了它神奇的威力。

（吴　沅）

微波能

～～～～～～～～～～～～～～～～～～～

　　微波是介于 300 ～ 300 000 兆赫之间的一种电磁波（ 1 兆赫 ＝ 10^6 赫兹 ），其波长范围从 1 米到 1 毫米，比无线电波还微小，因而人们称它为"微波"。

　　微波是一种造福于人类的能源，也是一种令人望而生畏的能源。

　　说到微波，让我们先讲一个小故事：有一个名叫唐蓬村的小村庄，位于四面环水却又四处都是悬崖峭壁的法属留尼旺岛中心盆地，村庄里不缺水独少电，为此，村民们离开家园的倾向日趋严重。经过考察，法国全国空间研究中心的居伊·皮尼奥莱认为，只需在悬崖的半高处安装 1 000 平方米透明的"天线"——接收机，依靠宇宙中的微波就能转化为电能，可为村庄提供 10 千瓦的电力。经过反复试验，利用微波发电取得了成功，使小村庄恢复了生机。皮尼奥莱的微波发电试验成为世界首创。2001 年 5 月，在这个岛上召开了一次无线电力传输技术的国际会议，会议确定工作频率在 2.45 千兆赫（即微波）的磁控管（类似家用微波炉中的磁控管）将用于传输频率，因为这种频率可使能量轻易穿过大气层，被由盘式天线、低压电流二极管和电子回旋加速器（波动转换器）组成的地面设备"捕获"，最终转变成高压直流电源。会上，研究人员还展示了样机并进行演示，皮尼奥莱认为无线电力传输工程规模十分巨大，但其优越性是显而易见的，也是可行的。

微波能够输电，何不将微波能用作飞机动力，用作航天器的动力！据报道微波飞机的研制已经进入实施阶段。科学家们认为，制造微波飞机的原理正好和微波输电相反，即将地面上的电能转换成微波，利用地面上的反射天线发射给天空中的飞机。飞机再将由天线上接收到的微波能转换成电能，促使发动机运转，从而产生飞行动力。

目前，美国和加拿大等国都投入了微波飞机的研制，有的已取得成功。美国航空及太空总署和能源厅已经将研制成功的微波飞机使用于地球的定点观测上。该微波飞机机翼宽度为 45 米，总重量 270 千克，无人驾驶，可在 21 千米高度连续滞留数个月，飞机上配有高精度摄像机，用来监视和摄取地面上的目标。加拿大研制的微波飞机同样可以在空中飞行几个月，用来监控来自大气层中的各种有害气体，也可成为无线电通信转播站，就像

▲ 发射微波能的武器系统

一颗在低空飞行的通信"卫星"，引人注目。

现在对相当一部分人来说，微波炉已是非常熟悉的厨房用品了。它是利用微波能转化为热能，扮演"烹饪之神"的角色。

微波炉最早出现在 1980 年巴黎日用电器展览会上，"烹饪之神"果然不同凡响，做饭做菜异常神速，是传统的炊具所无法比拟的。微波炉是利用微波遇到金属产生反射，而遇到水分、蔬菜、肉类等食物时，"微波"不但能透过食物，还能将"微波能""没收"的特性研制成功的。在微波炉中装有能产生每秒 24.5 亿次频率的磁控管（工业用为 9.15 亿次），这每秒钟几十亿次的变化，会产生大量的热能，将食品"烧"熟。

实验还证明：微波烹饪的热效率高达 80%，具有无烟、干净、省电，保持食品营养价值等特点。同时微波炉还可以起到消毒作用，现代医学认为，要彻底杀灭细菌，3 分钟内温度应升高 121 ℃，这种要求在常规条件下是无法达到的，但微波炉却完全能达到。依此类推，将微波炉作为防蛀杀蛀设备，更是"小菜一碟"。

利用微波能，目前已研制成功微波焊接机（其能效

高达 60%）、微波烟尘过滤器（可使柴油机排气污染减少
90%）、哨声微波水壶、微波烘干机等等，微波已经走进
了不同的领域，走进了寻常百姓家，发出了自己应有的
光和热。

微波能正在造福于人类。但毋庸讳言，微波能也在
威胁着人类：这就是微波武器。

微波武器是杀人不见血的"恶魔"，专家们已探明，
微波能对人体的杀伤作用可分为"非热效应"和"热效
应"两种。"非热效应"是由较弱微波能量的照射引起的，
会引起头痛、烦躁、神经错乱、记忆减退等现象。如果
将这种效应作用于军事人员，会降低甚至丧失作战能力。
据报道，这种"非热效应"在 20 世纪 70 年代曾发生在
美驻苏大使馆内，当时的美驻苏使馆人员均患"微波
病"。另外，据美国一个研究报告称，美国俄亥俄州的居
民反映在那里的大气中有能引起人们头痛、喉干、抑郁、

失眠等反应的物质或能量。有关专家认为，可能是俄罗斯试验中的微波武器所致。"热效应"是指在强微波照射下，造成人体皮肤灼伤、眼白内障、皮肤及内部组织严重烧伤和致死等现象。试验表明，当微波能量密度达到 20 瓦 / 厘米 ^{2} 时，只需照射 2 秒钟，即可造成人体三度皮肤烧伤；达到 80 瓦 / 厘米 ^{2} 时，1 秒钟就能置人于死地！另外，强微波能量能穿过大于本身波长的所有缝隙，以及玻璃或纤维等不良导体，进入目标内部，杀伤里面的人员，甚至连封闭工事和装甲车辆内的战斗人员也难逃脱它的"魔爪"。微波能对电子设备的破坏可称"能手"，当微波能以 0.01 ～ 1 微瓦 / 厘米 ^{2} 照射时，电子设备会受到干扰而无法正常工作；当微波能达到 0.01 ～ 1 瓦 / 厘米 ^{2} 时，照射下的电子设备会失效或烧毁。当受到超级微波能量 1 000 ～ 10 000 瓦 / 厘米 ^{2} 极短时间的照射，可使 14 米远的钢板燃烧，能点燃 76 米处的铝片，使 260 米处的闪光灯灯泡瞬间点燃。若继续加强微波能密度，有可能引爆远距离弹药库或核武器。微波能还是隐身武器的克星，因为微波能摧毁隐身武器要比摧毁常规武器需要的能量小得多。

微波能的杀伤作用不容小视！

（吴　沅）

捕捉雷电能

〜〜〜〜〜〜〜〜〜〜〜〜〜〜〜〜〜〜〜〜〜

2004 年 6 月 26 日下午 2 点 10 分左右，浙江省临海市杜桥镇杜前村的三四十个村民，正围聚在一棵大杉树下避雨。突然，电光一闪，紧接着是一声震耳欲聋的惊雷，顿时，围聚着的村民倒下了 20 多人。其中 11 人当场死亡，15 人不同程度受伤。受伤者在送医院途中又死了 4 个，另还有 2 人在医治过程中不治而亡，使整个事件的死亡人数升至 17 人。

其实，类似的因雷击而造成伤亡的事件，并不鲜见，年年都有发生。据美国气象部门统计，在过去的几十年中，全美每年因受雷击伤害的达数千人之多，死亡近百人，财产损失达 1 亿～3 亿美元。我国广东省在 1996～2000 年的 5 年中，因雷击造成 981 人伤亡，经济损失 15 亿元。除人员伤亡外，雷电还常常带来其他灾

▲ 在闪电的时候，电能转变成热能、光能和声能。

难。如我国大兴安岭的森林火灾、山东黄岛的油库大火，也都是雷电的"杰作"。还有全球电厂的停电事故也常缘起雷击。尤其是信息时代的今天，计算机网络、通讯指挥系统、公用天线已成雷电电磁脉冲灾害的重灾区。故雷电之害实不容忽视。

众所周知，雷电之所以能为非作歹，是因为它在瞬时会释放出拥有巨大能量的强电流。据科学家们的测算，一次强烈闪电的电量，足以牵引一列有 14 节车厢的火车行进 200 千米，或点亮 300 万盏电灯泡。又有人指出若闪电两端电压为 1 千万伏，闪电中的电流为 2 万安培，则在闪电发生的那一瞬间，它的功率可达 2 亿千瓦；而我国葛洲坝水力发电站的设计发电能力仅为 270 万千瓦。据大量的观测研究资料，人们估计全球平均每天有超过 100 万次的雷电发生。据此不难估算出，每天将会有多么巨大的能量被释放出来。有人打趣地说，如果我们有办法把这些雷电能全收集起来利用，那么全球的发电厂都可以关门休息了。

我们究竟有没有可能把雷电加以利用呢？读者也许早已听说，18 世纪时，著名美国科学家富兰克林曾用风筝把天上的闪电成功引下地面的故事。现在看来，这只是一种小儿科的把戏，不足以把闪电大量引下，但它毕竟说明采用类似的手段可以把天上的电人为地引向地面。正是根据这一思路，1989年，我国科学家研制出了一种"引雷火箭"。当天空中乌云翻滚、电闪雷鸣之际，人们就可以把引雷火箭射向天空。这腾空上升的火箭带着一根细如马尾的钢丝，直窜千米高空，钻入乌云之中，从而把云层中蓄积的电能通过那细细的钢丝引向地面。据报道，自1989年以来已成功地进行了30次这样的引雷实验，使本来张牙舞爪的闪电和震耳欲聋的雷鸣顿时消失。不过，这几次引雷，都是把雷电引入地下来消除雷击可能造成的祸害，还没能把引下的雷电储存起来加以利用。显然，如果人们能解决好储存问题，那么雷电能的利用就有可能成为现实。

不过，人们也指出，要实现雷电能的大量利用，除了贮存问题外，还需要克服以下的困难：首先雷电是一种不以人们意志而转移的自然现象，我们不知道它会在什么时候、什么地方发生。因此就像捉迷藏一般，我们很难及时地捕捉到它们。再者，从时间上说，虽然全球每天都有超过100万次的雷电发生，但对于庞大的地球来说，每年每平方千米平均还不到1次，而且绝大多数还是发生在海洋上，这就更增加了捕捉的难度。此外，人们还发现，雷雨云单体的尺度一般在1～10千米左右，所以两次闪电之间间隔着很大距离。有人测量过，在强雷雨时，闪电间隔的平均距离是2.4千米；弱雷雨时其平均间隔则有3.7千米。也就是说如果雷电发生时要全部捕

捕捉雷电能 | 143 |

捉它们，就必须随时大范围地调整捕捉的方位。显然在这些问题没有解决之前要想大规模地利用雷电能还只是纸上谈兵。

虽然我们目前还无法大规模地驾驭雷电能，但局部地在特定的项目上已有了成功利用的实例。其中最成功的是进行人工闪电制肥。人们早就注意到，闪电产生的高温足以使空气中的氮氧化成氧化氮。氧化氮溶于水便成为硝酸；硝酸与土壤中的钾钠离子结合后便形成具有肥效的硝石。人工闪电制肥就是要模拟这个过程。方法是在田野里竖立 3 根杆子（制肥器），一般用木杆，杆高约 20 米，杆距 120 米，杆子顶端装有金属接闪器，并用金属导线将其与埋入土中的地线连接。然后测试实验地段附近地区的雨水及土壤的氮含量变化。第一次雷击强度较小，在以杆为中心、半径 15 米范围内，氮含量增加了 0.94～1 千克 /666 平方米，相当于硫酸铵 4.7～5 千克 /666 平方米的肥效。第二次雷击强度较大，有效影响范围扩大到半径 50 米，氮含量增加了 2.7 千克 /666 平方米，相当于硫酸铵 13.55 千克 /666 平方米的肥效。

此外，据说在日本还有人利用雷电产生的强大冲击力来进行岩石爆破和采矿，还有人利用雷电来夯实松软的建筑地基等等。

（张庆麟）

威力巨大的地震能

～～～～～～～～～～～～～～～～～～

　　2004 年年末，人们刚刚度过欢乐的圣诞节，热烈的庆典活动使许多人还沉浸在节日的欢乐中，但翌日一早，12 月 26 日上午 8 时 58 分一场意外的未带任何前兆的灾难，便突然降临到人们头上：在印尼苏门答腊岛附近海域发生了百年以来世界第五次大地震（我国地震台网测定为 8.7 级，美国地调局定为 9.0 级）。继而又引发了横扫东南亚和南亚诸地的大海啸，使这一地区的十几个国家遭受了严重的损失，不仅一些沿海建筑被彻底摧毁，旅游业、渔业受到毁灭性打击，还导致 22 万多人死亡，许许多多人受伤……

　　尽管这场百年未遇的大海啸是地震诱发的，但由于这次地震发生在波浪滔滔的海域里，人们没能观察到地震本身所引起的严重破坏。其实，地震的破坏力是非常

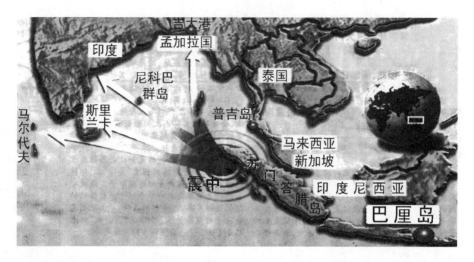

▲ 2004 年年末东南
亚大海啸区域

惊人的。年长一些的人大多还会记得 1976 年发生在我国的唐山大地震。虽然其震级仅为 7.8 级，但却使繁荣的唐山市顷刻之间变为一片废墟，使 24 万多人死于非命，16.5 万人受伤。强烈的晃动，使远在几百千米外的北京、石家庄等地都能感觉到。试想，要让这样几万平方千米的土地发生震动，让几百几千平方千米的地块发生位移，需要多么大的力量啊！地震威力由此可见之一斑。

根据大量的观测资料与计算，科学家们认为一次 7 级地震释放出来的能量约为 2×10^{22} 尔格，也即相当于 50 颗广岛原子弹爆炸；而一次 8 级地震则会释放出相当于 1 650 颗广岛原子弹爆炸的能量。也就是说，地震震级每差 1 级，地震能量就差 33 倍。2004 年年底的苏门答腊地震所释放的能量，可相当于 54 450 颗广岛原子弹。据统计，全球平均每年大约要发生 500 万次地震。虽然绝大多数是释放能量有限，人类无法直接感受到，只有利用仪器才能测出的低级地震；但具有一定威力、不用仪器我们就能直接感受到的地震，每年仍有 5 万多次。其中能造成重大破坏的 7 级以上的大地震，平均每年也有十几次。据此可以想象，每年通过地震释放出来的能量是多么的巨大！

▲ 1966 年 3 月 8 日中国邢台地区地震，淦阳河畔地裂的情形

对于这样巨大的能量我们有无可能加以利用呢？或者说，我们有无可能在地震发生前，预先把蓄积在地层中的地震能采集走，让地震因失去动力而不能为非作歹呢？

回答这个问题，我们先要来了解地震究竟是怎样发生的？众所周知，地震是地壳运动的一种表现。根据当代已取得广泛认同的"板块构造"学说，人们认为地球表面坚固的岩石圈（它由地壳及地幔顶部的橄榄岩层共同构成）就像七巧板一般，是由若干大小不一的板块组合而成的，板块与板块之间既可以互相背向而行，拉开距离，从而在它们之间形成巨大的裂谷和新生的海洋；也可以互相相向而行，发生相撞，从而形成高高崛起的

▲ 在地震力的复杂作用下，造成铁路弯曲，地面下沉、扭曲、剪切、错动

山脉；它们还可能像本来停靠在一个车站上的两列火车一般，互相向着相反方向擦肩而行。当然不管板块的运动方式如何，其运动的速度都非常缓慢，平均每年只有几个毫米或几个厘米。事实上，许多时候板块的运动会因受到相邻板块（或岩层）的顽强抵抗而受到阻滞，但来自地球内部的驱动力却没有停滞。于是受阻的前沿便会受到来自后方的强烈推挤，而且随着时间的推移，挤压力也将越来越大。终于有一天，它会大到足以突破前方的阻力而骤然前冲，这时就表现为地震。对方的阻力愈大，本方积累的推挤力也愈大，前冲时产生的地震也就愈大。

明白了地震发生的机制，当我们企求采集利用地震能时，显然我们首先应该找到的是板块运动时受阻的"前沿"，那里蓄积着最大的能量。应该说，以我们今天的技术水平，要确切地找到这样的"前沿"是有一定难度的。这也就是我们至今还无法准确地预报地震将在什么地方发生的缘故。

岩层受到挤压，就会在岩层中产生地应力。地应力越大，表明岩层受到外界的作用力也越大，那里发生地震的可能性也就越大。因此地应力的测量将有助于我们预测地震可能发生的地点和时间（当然不是十分准确的）。

我国科技工作者曾设计出一种简易的地应力测量仪。即将装有两个相互垂直的感应元件的金属筒，埋入地下。感应元件用弹簧中夹有碳精粉和橡皮沫的橡皮管制成。橡皮沫的作用是使碳精粉具有良好的弹性，从而提高感应元件的灵敏度。接通电流后，若地应力加大，弹簧紧缩，碳精粉的电阻变小，电流量就增大；反之减小。据此可以观测地应力的变化。

倘若找到了"前沿"，接下来就是如何采集地震能的问题，也就是怎样才能把地块运动的挤压力转化为我们可利用的能源？应该说，对于这个问题，人们至今还毫无头绪。这一方面主要是，地震虽蓄积有巨大的能量，但对于一个特定地区的有限面积来说，其能量却又是十分有限的、非常微弱的，若想获得足够大的能量，就必须在非常广阔的范围内进行采集。这在目前还不可能实现。另一方面，我们也不知道采用什么样的方法可以把地层中蓄积的这部分能转化为可利用的能源。

鉴于以上原因，地震能的利用在目前还排不上人们的议事日程。

（张庆麟）

有待开发的重力能

〜〜〜〜〜〜〜〜〜〜〜〜〜〜〜〜

众所周知，在地球上任何物体都会受到地球引力的作用，而且正是在地球引力的作用下，物体才有了"重量"。我们也把地球引力称为"重力"。我们还知道，在重力作用下，物体都具有一定的"势能"（或称"位能"）。势能的大小，既与物体本身的质量有关，也与物体所处的位置高低，即离地心的远近有关。同一个物体，若作向上移动，其势能就会随高度而增加，但这个能量不会凭空获得，必须通过我们做功来获得；若该物体作向下运动，它就会随着高度的降低而不断地释放出一些能量来，使原有的势能减小。这释放出来的势能，也就是我们所说的"重力能"，若能加以利用，它就能帮我们做功。

其实在日常生活中，人们已大都自觉或不自觉地利用了一部分重力能。如称量物体的重量，就是利用置放物体的秤盘因位置改变，释放出来的势能作用于磅秤的指针而获得。再如骑车人都有这样的体验，在下坡时可利用重力的牵引而轻松行进，甚至还可以利用下坡的冲力来给接下来的上坡之行助一臂之力。还有水力发电，实际上也是利用了重力能。试想如果没有重力的牵引，水又怎么会具有如此汹涌澎湃的下泻威力，又怎能推动水轮机来发电。诸如此类，不一而足。

　　然而所有这些已被利用的重力能，若与无所不在、蕴藏丰富、用之不尽的重力能相比，可说还只是九牛之一毛。重力能不仅蕴藏丰富，而且还是一种绝对环保、零污染的能量，因此如何才能更多更好地开发利用重力能便引起了人们的极大兴趣。遗憾的是应该说直至今日人们还未能找到十分有效的途径。虽然已有一些人提出了若干不同的设想，但这些设想是否真正能够付诸实施，能否起到应有的效果，还有待人们去进行不断地探索。为便于读者的了解，我们摘取三例以供参考。

　　前面我们曾经提到，水力发电就是利用水在重力的牵引下迅猛下泻的冲力来发电。受水力发电的启发，有人建议在一些高山采矿场和工地，也可以利用开挖出来的土石向下倾倒的动力来发电，以解决工地施工所需的部分能源。为此应该建造一个必要的用于倾倒土石方的溜道，并配备能经受土石冲击的轮机。

　　设想之二是利用汽车的重力来为交叉路口的红绿灯提供电源。方法是在交叉路口设置一些稍稍突出地面的

弹性路垫。它类似于为限制车速而设置的路障。每当车子驰过这些路垫时，汽车的重力会通过这些路垫传递给下面的感应器。让感应器中的转轮像磅秤中的指针一样，因压力而转动。只要不断有车子通过，感应器中的转轮也就会不停地运动，并带动发电机发电。虽然这样的装置不可能产生大量的电力，但设想者认为足可用来为交通路口的信号灯提供电源，甚至还可能为部分路灯提供电源。但其前提是要有足够多的车辆通过。

设想之三是所谓的"重力能源列车"。这一设想就是利用列车下坡的冲力。为了能充分利用列车下坡的冲力，使这部分冲力还能为上坡路段与平地行驶所用，列车必须配备一定的储能设备。设想中的储能设备可以是风力发电机，它利用列车下坡时产生的反向风来发电，并把所发的电力储存在高效能的蓄电装置里；还可以装置能高速运转的惯性飞轮，让其把列车下行时释放出来的部分势能转化成为飞轮的转动，并将其储存起来；也可以装置空气压缩机，利用下冲时产生的压力来压缩空气，并将这部分压缩空气贮藏起来。除此之外，列车还应该装置有太阳能电池和空气燃料电池以作必要的补充能源。

按照设想，有了这些装置以后，这列"重力能源列车"就应该可以顺利地行驶在各种条件下的路段上。如列车下行，可以依靠重力惯性前进，同时开启可控负载来控制车行速度，也同时开启上述装置来储存下行时所释放的能量。在上坡段，列车将依靠重力惯性继续向上冲行一定距离；当列车上冲乏力时，可启动惯性飞轮所储存的动力能来推动列车上行；接着又可启动压缩空气发动机，以及蓄电池中贮存的来自风力发电的电源，推动列车前进。如果这些贮存的能量还不足以让列车驰完整个上坡段，那么还可以让太阳能和空气燃料电池来帮忙。当然所有这些都可以通过计算机来进行合理的调配与控制。

（张庆麟）

"空麻袋背米"——星际冲压发动机

用什么能源产生动力，始终是宇宙航行的主要问题。这既关系到飞船的速度，也关系到飞船的质量。反物质能源、核能源以及太阳帆（微波帆、激光帆）能源等都有望成为未来宇宙航行的原动力，它们"性格"特异，各有千秋。这里要介绍的是又一种有望适用于宇宙航行的动力，名叫星际冲压发动机，它的巧妙之处在于几乎不需自带燃料，可直接从太空中获取高性能的能源材料，经转化后可生成推动飞船飞行的强大动力。

星际冲压发动机的方案最早是由美国物理学家罗伯特·巴萨德于1960年针对星际航行中如何携带及补充燃料这个难题提出来的。

方案的基本想法是将广泛存在于星际空间的氢原子收集起来，用作航天器的燃料，这样就可大大减少从地球上携带燃料的数量了。氢是宇宙中普遍存在的物质，浩瀚的宇宙空间虽然是高度真空，但仍然有氢分子和氢原子的存在。在太阳周围的空间比较稀少，每立方厘米只有 0.1 个氢原子，在星际分子云中多一些，每立方厘米可达 1 万个左右。当然，这比起地球大气还是非常稀少的，在地球大气中，每立方厘米含有 1 万兆个氮、氧、氢分子。

　　这种星际冲压发动机的原理是利用航天器前部的超导体产生一个绵延数百或数千千米的大磁场，它可以将太空中稀薄的氢原子收集起来，然后将它们送入核聚变反应堆，从反应堆中排出的气体再以极高的速度喷射出去，由此产生巨大的推力。

▲ 星际冲压发动机飞船设想图

　　该发动机系统包括特大的进气道（前端呈漏斗形，称作氢采集器）、核聚变发动机及磁场产生装置。1 克氢原子聚变，可产生 6 300 亿焦耳的能量，是烟煤能量的 2 000 万倍。

　　若航天器总重为 1 000 吨，按照巴萨德估计，进气道直径约为 1 千万平方米。假若航天器的初速度为 16.7 千米 / 秒，为了每秒钟能收集到 0.5 克氢，氢采集器的直径应远大于 10 000 千米。航天器的加速度可达到一个重力加速度（即 1 克），这是个很重要的指标，虽然从增大速度、赢得时间来说，加速度愈大愈好，但加速度过大，

▲ 星际冲压发动机飞船设想图

"超重"会影响人的身心健康。对人类最合适的加速度正是"1克",因为人类长期在地球表面上生活,已习惯于承受地球的"1克"的重力加速度。航天器以1克加速飞行,人在飞船上生活和工作,既不会超重,也不会失重,与在地球表面上一样。

别小看了这"1克"加速,它仍然会使飞行速度异乎寻常地增加。让我们展开目前来讲还是想象的翅膀,来展望这"1克"加速的美妙前景:

用1克加速只需2年(地球上为3.8年,这是"相对论效应"造成的)就可达到97%的光速,飞过2.91光年的距离。如果想到距地球11.8光年的金鱼ε星去考察,则在飞过航程中点以后,将航天器调转180°,这时以1克减速飞行,即可到达目的地,考察1年后返回地球,共需耗时7~8年(地球上已过去20年)。如果要在宇宙中畅游,则让航天器继续加速,12年可飞出银河系,14年飞过仙女座星系,20年飞过100亿光年的距离。如果宇宙是球形的话,周长约900亿光年,此时航天器已经绕宇宙飞了1/9圈。由于航天器的飞行速度已非常接近光速了,相对论效应非常显著,只要用1~2年时间就可飞完剩下的8/9圈,那时再回到地球,已不是"恍如隔世"的感觉,而是恍如隔几十万世了。因为人在航天器上数十年时间，地球已经历了900亿年的历史长河！令人难以想象！

话说得稍微远了一点，现在再讲一讲星际冲压发动机。这种发动机的前景十分诱人，但要研制成功则困难重重。据报道，美国正在积极研制星际冲压发动机，要求在2040年至2050年时能够

◀宇宙飞船设想图

投入实际使用。科研工作者将攻克这样几个技术难关：一是如此庞大的氢采集器和进气管道在工程上实难制造。二是设想用磁场来收集氢原子，但它只对氢离子有效。氢采集器在如此高速下，如此庞大的体积实难承受巨大的压力。三是核聚变理论上只对氘和氚有效，现在是氢，不知能否引发氢产生核聚变。如果能够引发，其所需的能量也是个未知数。四是星际间还存在着其他的原子、分子，这类物质有可能会影响到聚变过程。五是在不断变化的飞行速度中，要有效地控制聚变反应也十分不易。

除此以外，要实现星际冲压推进，只有当航天器具有很高的初速时，才能保证为核反应堆收集到足够数量的氢。因此，使用这种推进器的航天器必须要配备一个辅助推进器，只有先达到必要的速度，星际冲压发动机才能开始正常工作。这个速度在地球上应超过每小时3 000 千米，在太空中则需达到每小时 6 000 万千米才行。

（吴　沅）

飞缆试"捕"宇宙能

所谓太空飞缆，简单地讲就是采用柔性缆索，在太空中将两个物体连接起来的系统。如果缆索是导体（如电缆等），整个系统便成为电动力学缆索，又称 EDT。

美国与意大利合作研制的"绳系卫星 1 号"（TSS-1）于 1992 年 7 月 31 日进行了第一次太空飞缆电动力学试验：意大利第一位航天员马莱巴在航天飞机上向太空释放了一颗卫星，卫星连着一根长 20 千米的铜质缆索（即飞缆），直径为 2.54 毫米。在太空释放如此长的缆索是为了什么呢？见此情景，或许我们会联想起美国科学家富兰克林在雷电交加的天空中放风筝的故事。富兰克林放风筝为的是要将闪电引到莱顿瓶中以破译闪电的奥秘，而意大利航天员在太空中释放缆索的目的为了验证飞缆发电的可行性。

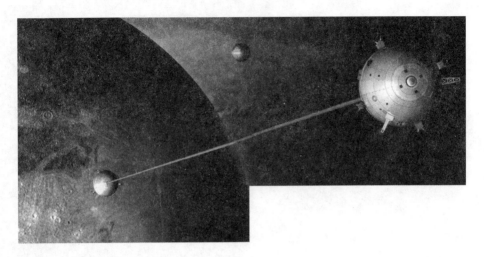

▲ 艺术家笔下的飞
缆在探索木星及其卫
星时，与木星的巨大
磁场相互作用而产生
能量

　　具体试验是这样进行的：TSS-1 绳系卫星随美国"亚
特兰蒂斯号"航天飞机一起进入太空，当绳系卫星随航
天飞机入轨后，它自身已获得了一定的环绕速度。然后
用发送器将卫星从舱内向上送出，使绳系卫星的轨道在
高于航天飞机的轨道上飞行。从航天飞机上看，卫星的
离心力大于重力，所以卫星会沿着垂直线自动向上爬升，
直到受缆索长度的限制为止。同样，若把卫星发送到航
天飞机的下方，卫星的重力会大于离心力，因此卫星相
对于航天飞机会呈垂直线下降的状态。

　　原计划航天飞机和卫星 TSS-1 以 2 860 千米 / 小时的
速度飞行时，通过释放飞缆卫星可以进行飞缆发电、地
球磁场等科学实验。当导电的飞缆以如此巨大的速度切
割地球磁场的磁力线时，飞缆中应产生电流，从而成为
别开生面的发电设施。飞缆不仅可以发电，也能接受星
载电源向其供电而使卫星得到推力，为改变卫星的运行

轨道创造条件。遗憾的是，第一次试验由于系统中的伸展机构绞盘被一只螺栓卡住，飞缆只上升到257米高度就告失败，但还是产生了58伏电压和2毫安电流。这就初步证明了该试验产生电能是可行的。1996年2月25日，美国"哥伦比亚号"航天飞机在太空释放了第二颗"飞缆"卫星，进行第二次试验时，飞缆仅上升到19.7千米时，在航天飞机施放塔附近突然断裂，卫星带着一段飞缆失落在太空之中。虽然断裂原因尚不清楚，但在飞缆断裂时已产生了3 400伏特电压和0.5安培电流（预定目标为5 000伏特）。尽管两次试验均未达到预期的目标，但可以证实飞缆发电的原理是正确的，技术上具有可行性。

美国航空航天局遂于2003年5月批准了一项重要计划研究如何利用缆线取代运载火箭将卫星等航天器送入太空轨道，起名为"动力交换/电动力循环推进"，飞缆长达100千米。哈佛-史密森天体物理中心的研究小组负责人恩里科·洛伦齐尼说，飞缆推进技术的设想由来已久，其进展往往受到硬件的制约。

太空飞缆发电系统由飞缆收放机构（装在母星上如航天飞机、空间站等的舱内）、飞缆、绕线轮、伺服电机、飞缆拉力传感器、飞缆长度传感器和速度传感器等组成。飞缆必须采用高强度材料制成，内芯是导体，外表为绝缘材料，飞缆收放机构应与母星上的中心计算机相连，计算机采集传感器信息，给绕线轮电机发出指令。航天员则通过控制与显示面板参与操控飞缆收放机构。

飞缆系统不仅具有"发电机"和"推力器"的双重作用，还可以将该系统与其他的能源（如太阳能电池阵）结合起来组成新型的能源系统：在无日照时，飞缆系统为航天器供电；在日照期间，由太阳能电池阵供电，而飞缆系统的推力可提升轨道高度。

　　飞缆系统在用于探测木星和它的卫星时，也能发挥出巨大的作用：木星和地球一样具有磁场和电离层，与地球不同的是，木星的电离层高度超出木星的静止轨道，因此当飞缆系统在静止轨道下飞行时会产生电能和"拖曳力"。相反，飞缆系统若在静止轨道上方飞行，除了产生电能外还有推力出现。据此，若具有飞缆系统的飞船，以大约 6 000 米／秒的相对速度靠近木星，若错失"拖曳力"，飞船将与木星擦肩而过。一旦飞船进入木星的静止轨道，打开飞缆系统可以使飞船减速，当飞缆长达数十千米时，飞船能减速至每秒数百米。因此只要对飞缆系统进行灵活控制，飞船只需用少量的作用力就能完成对木星四个卫星的探测，历时不超过一年。

（吴　沅）

反物质——不是虚无缥缈的能源

～～～～～～～～～～～～～～～～～～～～～～～～～

　　1908 年 6 月 30 日，在俄罗斯西伯利亚通古斯地区发生了惊天动地、威力相当于 1 000 万吨 TNT 炸药的大爆炸。虽然通古斯大爆炸的原因至今仍众说纷纭，但反物质论已进入科学家重点关注探索的视线之中，这是因为无论是陨石爆炸论或是核爆炸论，都寻找不到爆炸遗留下的陨石碎片，探测不到释放出来的放射性元素……如此强烈的大爆炸怎么会没有留下始作俑者的蛛丝马迹？科学家们认为，反物质论或许有可能解开这个令人百思不得其解的谜团。

　　什么是反物质？反物质可以理解为物质的镜像。乍一听，反物质这个名词似乎有些虚无缥缈，但事实上现在的科学实验已经证实，反物质是一种客观存在的实体。所谓物质的镜像，就是指与物质的一切属性恰恰相反。

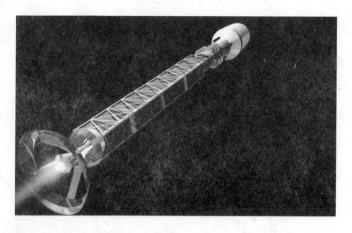
▲ 反物质飞船设想图

反物质之所以引起科学家们的特殊兴趣，其中最令人心动的是：当物质与反物质相接触时会释放出难以估量的巨大能量，并且它们均双双消失在爆发之中（这种现象称为"湮灭"）。

据科学家们计算：一颗盐粒般大小的反质子，能产生相当于200吨化学液体燃料的推力，可以将巨大的航天器送入太空，并能产生高达三分之一光速的速度。这样的速度只需花两年多的时间就可飞抵冥王星，轻松地飞越太阳系。这将为天文研究带来前所未有的机遇，到时，模糊不清的银河中心将清晰地呈现在人们的眼前，因为我们可以将太空望远镜架设在冥王星上！

计算还表明，用9千克正反氢"湮灭"时产生的能量，可以加热4吨液氢，把1吨重的飞船以10%的光速送往比邻星座，正反物质的"湮灭"能100%转换成能量。

打个比方，如果你真能幸运地得到1克反物质，那么你的座车即使用上10万年也不用加燃料！这就是反物质的能量。

目前，科学家们采取两种途径寻觅反物质，一是在自然界中寻找反物质。1997 年 4 月，美国海军研究实验室、美国西北大学和加州大学伯克利分校等几个研究机构的天文学家宣布，他们利用伽马射线探测器发现，在银河系上方约 3 500 光年的地方有一个不断喷射反物质的反物质源，它喷射出的反物质竟可以在宇宙中形成一个高达 2 940 光年的"喷泉"。果真如此，这将是反物质研究领域中的一个重大发现，并促使人们开始考虑，如何开发宇宙中的反物质为人类服务！

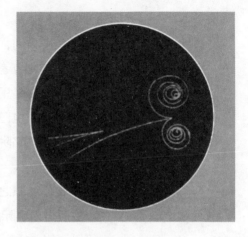

▲ 一个电子和一个正电子以相反方向穿过磁场

　　同时，美籍科学家丁肇中与一些物理学家合作，组成反物质探测小组，决心寻找到充满反物质的世界，为此研制成功了阿尔法磁谱仪，于 1998 年 6 月 3 日（北京时间）搭载美国"发现号"航天飞机，在太空遨游了 10 多天，这是人类历史上第一次将一台大型磁谱仪送入宇宙空间，开创了人类探索宇宙奥秘的新纪元。我国还和意大利合作将在西藏建成世界上第一个 10 000 平方米粒子探测陈列实验室，用以接收来自宇宙的高能射线和反物质粒子。

　　另外，科学家们正积极地在实验室中制造反物质。1995 年 9 ～ 10 月，欧洲核子研究中心制成了世界上第一批反氢原子，在累计 15 个小时的实验中共记录到 9 个反氢原子存在的证据。1996 年，位于美国费米国立加速器实验室也成功地制造了 7 个反氢原子，并能生产出反质子。不久前，欧洲核子研究中心建成的反质子生产厂负责人克洛斯教授称，该厂能每小时生产 2 000 颗反氢原子，这真是里程碑式的跃进！对于反物质的贮存和输出，科学家也已经想到了一些方法，比如将反物质保存在被称作"陷阱"的地方，就可以不会和物质发生"湮灭"。

反物质是能源之最，也是理想的宇宙航行能源，但要使反物质进入实际应用，还有漫长的路要走！

可以深信，反物质作为能源的前景是光辉灿烂的！

（吴　沅）

被忽视的能源——人体能

　　如果你做个试验，将鸡卵揣在怀里紧贴住皮肤，日夜小心呵护，经过一段时间，就能孵出小鸡！乍一听有些不可思议，但确实如此，这是利用人体能源的绝妙写照！从中可以得出结论：人体能源是可以开发的。

　　人体能，即人体散发的能量，表现为热能、机械能及经转化后的电能。专家认为，人的一生中至少有 50% 的能量被白白地浪费掉了。一个重 50 千克的人，一昼夜可消耗热量 10 425 千焦。如果把这些热量收集起来，可以将 50 千克的水从 0 ℃加热到 50 ℃。以小见大，以全世界 60 多亿人计算，得出的将是一个天文数字！当然，收集人体热量要利用先进的科学技术，比如科学家利用人体热能制成温差电池，这种电池十分小巧，可以放进口袋中，作为助听器、袖珍电视机、袖珍收录机、微型

靠运动和温差发电 ▶

▲ 由踩踏产生电流

发报机等的电源。美国新泽西州电话电信公司设计建造了一座利用人体热能的办公大楼。在每个房间的内壁均装有一种特殊装置，可以有效吸收全大楼 3 000 多名员工散发出的热量，再将热量转换成电能，对蓄电池充电，不断地供给照明、电脑、空调等用电。

美国匹兹堡大学的工程技术人员设计了收集人体和电灯等"热能回收"的系统，竟可供该校 6 座大楼，包括办公室、教室、剧院等的取暖。深入研究后，专家还发现，凡是学习用功的学生，他的身体发出的热量就越多，男生要比女生产生的热量多，越重的学生产生的热越多。也就是说，用功的、聪明的、超重的男生发出的热量最多。人体热能，不受天气影响，又无污染，使用方便，我国人口众多，是一种不可忽视的能源。

专家们还想出了利用商场、宾馆、办公大楼的旋转门发电，尤其是大商场，每天进进出出的人成千上万；一些大饭店、宾馆，来往的旅客也川流不息。这些人群都带来了不可低估的能量，他们都要用手去推动旋转门，别小看这推手之劳的能量，把许许多多人的能量加在一起就很可观了。专家们在旋转门下建造一个地下室，安装了人体能量收集器。所谓能量收集器，其实相当于机械式手表中的发条，发条拧紧后，就会通过棘轮稳定恒速地释放能量，使手表得到动力。再说能量收集器和旋转门的轴相连，通过旋转门的人越多，积聚的能量就越多。能量收集器通过变速机构和发电机的轴相连接。当能量收集器开始释放能量时就能带动发电机发电。这就是机械能通过发电机转化成电能的奥秘。电能可以直接使用，也可以用蓄电池储存起来作备用。

走路也能产生能量。美国佛罗里达州的一位工程师设计出一种利用步行产生能量转化成电能的装置。他将这种装置埋在马路下或公共场所的地毯下面。上面是一排踏板，当行人踏在上面时，体重的力量使与它相连的摇杆也被压下，摇杆从一个方向带动中心轴旋转，中心轴与发电机轴相连，从而带动发电机发电。当有许多人连续在踏板上行走时，摇杆不断被压下，中心轴就不停地旋转，产生电能。所发出的电可以用来照明和驱动电风扇。

在美国纽约的一条繁华马路上，就铺设了20块比路面稍高的金属板，在每块金属板下面放置一个橡皮容器，容器内存满了可循环的水，汽车或人群在金属板上经过，压迫金属板，使板下容器内的水被高速挤出，该高速水流经地下管道通往设在路旁的发电机房，驱动水轮发电机发电，水最后仍回到橡皮容器内。如此往复循环，就能源源不断地发电。据测量，有上百人或 5 吨重汽车在上面经过，就可产生 7 千瓦的电能。在此基础上，另一位工程师作了改进，他利用压电材料会产生微弱电流的原理，当脚压在"压电"地砖上时，压电转换装置会使动能转化为电能，再将电能存储到中心蓄电池中去备用。该中心蓄电池与成千上万块"压电"地砖相连，它所收集到的电能可满足附近的路灯和交通信号灯使用。

目前的健身器具大都忽略了对人体能的收集和利用，使这一部分体能被白白地消耗。若将健身器具稍加改进，配上小型发电装置，让健身者（或运动员）在锻炼过程中产生的机械能带动发电机变成电能，足可供家用电器使用。

美国俄亥俄州的一位名叫马克·艾曼的工程技术人员，他利用"压电效应"和"塞贝克效应"研制成一种织物，这种织物能把人的运动和人体与外界的温差都转化成能量。能靠自身产生的电流来调节使用者的体温和监测人体的生命特征。还能将能量收集起来，为各种附属设备供电（比如电池、显示元件、附加控制装置等等）。

（吴　沅）

建筑节能技术与建筑节能材料

<hr>

　　我国国土幅员辽阔，而北方地区约占全国国土面积的 72%。与同纬度许多发达国家相比，我国的冬天气候更冷，但我国建筑物的墙体、屋顶和门窗单位面积的传热量，却为气候条件接近的发达国家的 2 ～ 5 倍，对能源的消耗很高，迫切需要大力推进新型的建筑节能技术和建筑节能材料，以提高建筑物的节能效果。我国自 1980 年起，就组织实施建筑节能工作，制订了相应的节能技术标准，至 20 世纪 90 年代末，提出并开始实施节能 50% 的计划目标。

　　他山之石可以攻玉，欲达到 50% 的节能指标，吸取国外的经验是一条捷径。国外一些发达国家早在 20 世纪 70 年代末就已经开始了建筑节能的工作。首先，建筑保温材料是实现建筑节能的最基本的条件，各国在建筑中

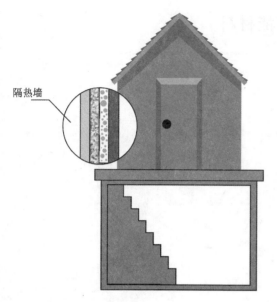

隔热墙

▲ 节能建筑示意图

采用了大量的新型建材和保温材料。实心砖已普遍被空心砌块和多孔砖所替代，在空心砌块的墙体中，为了提高墙体的保温性能，需要隔断在砌块之间形成的空心通道的气流，这就要在各空隙中填加膨胀珍珠岩、散状玻璃棉或散状矿物棉等松散的填充绝热保温材料。

在建筑物的围护结构（建筑物的整个外墙结构）中，不论是商用建筑还是民用建筑，一律采用轻质高效的玻璃棉、岩棉、泡沫塑料等保温材料。墙体的保温基本上有三种形式：内保温、外保温和夹心保温。居民建筑的墙体常用的是最外面为一层木质或塑料质的墙板，然后是一层硬质的泡沫塑料，里面就是墙的标准主体、木框结构等。另外一种典型墙的结构是在砌筑好的空心墙体的空腔内，填充保温材料，同样能起到很好的保温作用。

国外的民用建筑屋顶一般采用尖顶的较多，在尖顶的阁楼紧接屋顶的下面，都装有供空气流通的通道，这通道既能解决空气的流通，又可起到一定的保温隔热作用。同时在天花板的上面，一般都要铺设玻璃棉或矿物棉制成的毡、垫，或在此空间直接吹入松散的保温棉，有的就直接吊装由玻璃棉或岩棉等保温材料和装饰贴面复合而成的天花板。

关于地面保温，国外大部分建筑都有地下空间或地下室，居住和活动空间的地板并不是直接暴露在外界环境中，这就为生活空间的保温创造了有利的条件。但是如果地下室和地下空间不是采暖空间时，尤其是在冬季，仍会有相当多的热量通过一楼的地板传出。因此，在建筑物的一楼地板下面，仍然需要填充足够的保温材料。同时，在地下室的混凝土地坪地基与土壤之间，也需要铺设一定厚度的刚性保温材料。

从以上国外建筑的节能经验来看，无论是墙体、屋顶还是地板，都要用建筑保温材料。因此，研究开发建筑保温节能材料便是建筑节能是否奏效的关键。目前我国常用的节能绝热材料主要有：岩棉、玻璃棉、聚苯乙烯泡沫塑料、水泥聚苯板、硅酸盐复合绝热砂浆等。

岩棉是以精选的玄武岩或辉绿岩为主要原料，经高温熔制成的无机人造纤维。岩棉可制成岩棉铁丝网毡、岩棉保温条、岩棉管壳等。岩棉制品具有良好的保温、隔热、吸声、耐热、不燃等性能和良好的化学稳定性。岩棉常用于建筑外墙。

玻璃棉是矿物棉的第二大类产品，以硅砂、石灰石、萤石等矿物为主要原料，经熔化，用火焰法、离心法或高压气体喷吹法等工艺，将熔融玻璃制成无机纤维。玻璃棉制品广泛应用于房屋、管道、贮罐、锅炉、飞机、船舶等有关部位的保温、隔热和吸声。目前我国的玻璃棉产量仅为美国的 1/60。

聚苯乙烯泡沫塑料是以聚苯乙烯树脂为基料，加入发泡剂等辅助材料，经加热发泡而成的轻质材料。自1996年以来，国内聚苯乙烯泡沫塑料制品生产进入高速发展阶段。现已在建筑领域得到广泛应用。

水泥聚苯板是由聚苯乙烯塑料下脚料经破碎而成的颗粒，加水泥、水、起泡剂和稳泡剂等材料，经搅拌、成型、养护而成的一种新型保温隔热材料。它更有施工方便、粘贴牢固、价格较低等优点，适用于建筑物外墙和屋顶的保温隔热层。

建筑节能除了墙体、屋顶、地板的保温、隔热，建筑门窗的隔热、密封外，还有室内供电、供热水、取暖等设施的节能问题。2004年在广州召开的"中国城镇建设科技博览会"上同时举行了学术论坛。在学术论坛上，专家们提出了我国建筑节能需要突破的八大节能技术：一是提高建筑门窗的幕墙全周边高性能密封技术；二是中空玻璃和经济型双玻璃系列产品在工艺技术和产品性能上要有较大的突破；三是铝合金专用型材及镀锌彩板等材料断热技术的突破；四是复合型门窗专用材料开发和推广应用技术，重点开发铝塑、钢塑、木塑复合型门窗专用材料和复合型配套附件及密封材料；五是门窗窗型及幕墙保温隔热技术；六是门窗和幕墙成套技术，开发多功能、系列化、各具地域特色的成套产品；七是太阳能开发及利用技术；八是改进门窗的幕墙安装技术。

（周　载）

建筑节能技术与建筑节能材料

节能玻璃窗在建筑节能中占了重要的地位。美国加利福尼亚州圣地亚哥的高层公共住宅，由于采用了大型玻璃窗，不仅海洋和街道的景致显得更优美了，更由于改变了窗户玻璃的安装角度，在节省能源方面显示了良好的效果。这种玻璃窗的下部是垂直的，可开可关，其上方向外倾斜。倾斜部分的玻璃为双层玻璃，并使用着色玻璃。在倾斜玻璃的上方有伸出长2米的混凝土屋檐。

其节能的效果表现在：寒冷时，从较低角度射入的太阳能几乎全部透过玻璃进入室内；夏天高照的太阳光被屋檐遮着，不能进入室内，而西照的阳光又被倾斜的窗户反射到下方，故热量向室内的侵入较少。

此外，这个建筑物又由于积极地采用了利用太阳能的冷暖气设备，估计所耗能量约为同类建筑的70%。

瑞士联邦工学院研究成功一种新型太阳能电池板，它装在窗户上可使太阳光能变成电能。这种太阳能电池板的成本只有现行硅基太阳能电池的1/5～1/10，但效率却一样。该成果已获专利。这种电池板的上层为碘基电解质溶液，中间为染料层，下层为二氧化钛半导体薄膜。其工作原理与植物通过光合作用，从光中获取能量的原理相似。

　　该太阳能电池板的优点是，除了构成夹层"面包"的专用传导玻璃外，该板完全是用普通材料制作的。而且这种太阳能电池板很容易安装。

　　英国研制成功一种新颖的玻璃窗式太阳板。把它安装在建筑物上，可使建筑物的热效率更高。这种多层排列的太阳板，也是模拟植物的办法，即通过光合作用把阳光当作养料。

中国绿色照明工程

20世纪90年代初期，我国照明用电量占全国发电总量的10%左右，在终端用电中仅次于电机，居第二位。我国的照明电光源是以传统的低效白炽灯和光效低、材料消耗大、寿命短的自镇流高压汞灯为主。而对于高效照明器具，如高压钠灯、金属卤物灯等应用不多，普及率很低。1993年我国电光源中，普通白炽灯与荧光灯的比例为8.9:1，而同期的发达国家，如日本等国的普通白炽灯与荧光灯的比例为1:2.4。随着经济的发展，人们对居住条件和生活环境的要求不断提高，对照明产品的需求也逐年增长。面对不断增长的需求，如何引导消费者合理使用电能，节约照明用电，以减少新建火电厂的投入，是当时亟待解决的问题。我国电力生产以火电为主，节约照明用电，便可减少火电厂燃烧矿物燃料所带来的

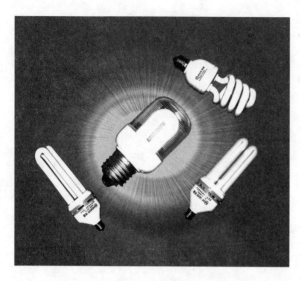

▲ 各种节能灯

温室气体的排放。

照明节电投入少、见效快，是所有终端用电设备中节电率和发电污染物减排率最高、成本效益最好的一种节电技术措施。节电投资回收期平均不到一年。

为推动全社会节约用电、提高能效、保护环境、促进经济社会可持续发展，"九五"期间（1996年10月），国家经贸委、国家计委、科技部等13个部门和单位，在联合国开发计划署和全球环境基金的支持下，共同组织实施了"中国绿色照明工程"。目的是在我国发展和推广高效的照明电器产品，逐步替代传统的低效照明电器产品，改善照明质量，节约照明用电，建立一个优质高效、经济舒适、安全可靠、有益人们工作和生活的照明环境。

中国绿色照明工程的核心内容就是以高效节能的照明灯具和器材替代传统的白炽灯具。在此市场经济的环境中，实际上只要做到四个字——价廉物美，绿色照明工程便可自然而然地顺利开展。假如市场上出售的照明灯具，一类是高效、美观、节能、长寿，价格又便宜的节能灯具，另一类是传统的价贵又费电的白炽灯，那么只要是个正常人，便都会选购节能灯的。现在的问题是怎样才能生产出价廉物美的节能灯。

在"物美"方面，主要靠科学技术来研发出各种优质节能灯具。现在已经开发出的节能灯具和器材有：以紧凑型荧光灯、细管型荧光灯、高压钠灯、金属卤化物灯等为主的高效电光源；以电子镇流器、高效电感镇流器、高效反射灯罩等为主的照明电器附件；以调光装置、声控、光控、时控、感控等为主的光源控制器件等。以上这些节能灯具和器材一般都经过多层次科学鉴定和实际应用的检验，它们的质量胜过白炽灯是毋庸置疑的。

现在的关键问题就是节能产品能否做到"价廉"。说到新产品的价格，就不是一个纯技术问题，它受到多方面因素的制约。当然，新技术（生产工艺、生产设备、选用的原材料等）的优劣仍是一个关键，但却不是唯一的因素。影响新产品价格的另一关键因素是生产批量。只有当新产品能够大批大量地投入生产，新产品的价格方可大幅度地下降。这就是所谓的"规模效应"。

这里就出现了一个如何"启动"的问题。在市场经济条件下，企业的生产必须是"以销定产"。新产品刚投产时，还未能打开市场销路，生产批量不可能大，那么新产品的市场售价必然随之而高，高价的新产品就难以打开市场销路。这样就形成了"恶性循环"，新产品有可能会夭折。这时，政府的扶持就是"雪中送炭"了。政府的扶持可以通过政策的优惠、经济的补助和媒体的宣传等途径。

"2004 年北京市绿色照明工程"正式启动。北京市在饭店、商厦等照明用电大户中征集高效节能灯、照明节电器用户，被选定的用户将享受供货商以低于市场 20% 的价格供货，并获 30% 的政府补助。

我国在推进绿色照明工程时，提出要做到四个结合：一是推行大宗采购和政府采购相结合，推动各行业采用高效照明系统。如首钢集团公司一次改造安装节能灯 2 万余只，每年可节约电费 200 多万元；二是与北京重点工程建设相结合，在新建体育设施、场馆及公用设施中推广采用高效照明系统；三是与整顿和规范市场经济秩序相结合，引导和规范高效照明电器产业的发展；四是与企业改革和发展相结合，促进行业重组，加快技术进步，创造名牌产品，增强高效照明电器生产企业的竞争力，巩固我国照明电器产品生产大国的地位，逐步发展成为照明电器产品的强国。

（周　载）

节能新技术

当今人类利用的一次能源中，有近 90% 是不可再生的化石能源，用一点就少一点。随着人口的增长和生产的发展，能源的消费量在继续上升。可再生的、洁净的和潜力巨大的太阳能以及未来的核聚变能，离大规模实用化还有一段较长的历程。因此，节能是人类"保护资源，造福子孙"的千秋大业。当然，节能并不是简单地限制能源消费。节能的中心思想是采取技术上可行、经济上合理以及环境和社会可接受的措施。也就是说，应积极开发各项节能新技术，以更有效地利用能源。

目前，已实用化的节能新技术，在工业、农业、交通运输业和建筑业中都有广泛的应用。如在工业生产中已推广应用的节能新技术有余热回收利用技术、高效低污染工业锅炉、电子控制节能技术、高效加热技术、电热膜加热技术、非晶态变压器节能、电动机节能技术等。

在农业生产中主要是利用各种节水新技术来节能。

交通运输领域中有陶瓷发动机节能、油水乳化技术节能、汽油机稀薄燃烧节能等。

建筑节能主要是采用新的节能材料和设备，如开发各种高效保温材料用于复合墙体、屋面和地面，多层密封窗、开发红外热反射技术、太阳能利用技术、热回收技术以及采用各种高效节能灯等。

余热回收利用技术：余热是指在某一热加工过程中未被利用而排到周围环境中的热能。据统计，我国各行各业余热占其燃料消耗总量的 17% ～ 67%，其中约有 60% 可以回收。为回收利用余热，可通过热电联产技术、热泵技术和热管技术等。

电子控制节能技术：采用这项技术可使机电设备的负荷达到最佳匹配，实现经济运行，降低电力消耗。主要是推广绕线式异步电动机串级调速、异步电机的变频调速和电动机轻载节电器等。微电子控制技术可应用电子微处理器进行编程后，对生产工艺参数和操作过程进行自动控制。这项技术在国外已普遍采用，国内也在机床加工、燃煤锅炉和电炉钢冶炼等部门中示范应用，取得了良好的节能效果。电子控制节电还可用于将风机、水泵的阀门调节改为交流调速控制，可节电 30% ～ 40%。

电动机节能：电动机是工农业生产和日常生活中的动力设备，社会拥有量很大。由于我国电动机制造业比国外相对落后，特别是电动机容量级差大，专用电机开发研究少。因此，电动机与生产机械的容量不匹配，"大马拉小车"的现象相当普遍。开发研制专用的节能型电动机，具有很大的节能潜力。

非晶态变压器节能：变压器也是工农业生产中用量很大的电器设备。虽然变压器本身的效率很高，但因其数量多、容量大，因此总损耗还是很大的。用非晶态材料代替硅钢片制作变压器的铁芯，不仅节约了能源，还可使变压器的体积减小，重量减轻。

▲ 余热发电示意图

电加热节能：电加热是指金属热处理和低温烘烤时的用电加热。电加热炉使用面很广，拥有量大。我国由于目前使用的电加热炉的热工设计落后、所用的绝缘保温材料性能差等原因，炉子的热效率低。对用于脱水、烘干、固化的低温加热炉，应推广采用高强度红外加热技术，改进热工设计，选用性能好和保温好的保温材料，一般可节电50%。对金属热处理电炉，应推广采用耐热保温的多莫来石纤维。采用空气保温夹层新技术和耐火纤维直接喷敷新技术对老电炉进行技术改造，可节电40%。

电热膜加热技术：电热膜是一种导电薄膜，可用于各种电热器具和建筑供暖。电热膜加热效率达 85%，而普通电热丝加热效率仅为 40%。

陶瓷发动机节能：用陶瓷材料代替合金钢制造汽车发动机，可以免除循环水冷却系统，这样，便可节省 30% 的热能。

储能技术与节能：开发各种储能新技术，可充分利用能源的供应，同样可达到节能的效果。现在已经投入使用和正在开发研究的储能新技术有压缩空气储能技术、抽水储能技术、高温超导储能新技术和二氧化碳储能等。

（周　载）

畅通无"阻"说超导

超导体已经成为科学舞台上的"明星",但什么是超导体?科学家们又为什么会对超导研究如此重视?

所谓导体就是能够通过电流的物体,通常金属材料都是导电的物体。但是,即使导电性能最好的银,也存在电阻,电流通过时会发热,造成损耗。因此,超导是一种在某一温度下不存在电阻的导电现象(出现零电阻),具有这种现象的物体称为超导体。当超导体在零电阻到达之前,随着温度的下降,电阻逐渐减小,最后才出现零电阻。我们将电阻发生明显下降的温度称为超导转变温度。

超导现象是在 1911 年由荷兰科学家翁尼斯和他的助手们在实验中发现的,当金属导体的温度降到 10 K($1 K = -273.15$ ℃)以下时,电阻会明显下降至 10^{-9} 欧

▲ 鞍形超导磁体

姆以下，这种现象以前没有发现过。当用水银作研究对象时，在 4.2 K 附近突然发现水银的电阻完全消失了。经翁尼斯和助手们的反复研究证实，水银在 4.2 K（−269 ℃）附近进入了一个新的物态，电阻变为零。经过 75 年的研究实验，科学家们已经在上千种材料中发现了超导现象的存在，但它们的临界温度最高为 23.2 K（相当于 −250 ℃）。直至 1986 年 1 月，瑞士物理学家缪勒博士和他的学生贝特诺兹在试验含铜和镍的氧化物的低温性质时，意外地发现了一种镧、钡、铜的三元氧化物在 30 K 时就出现了超导现象。这一意外发现，在物理学界激起了一阵"超导冲击波"。在短短的 75 天中连续打破超导临界温度，远远超过了以往 75 年的总和，但超导竞赛并没有结束，超导临界温度还将继续被更新，目标是实现室温超导体。

科学家对"超导"表现出如此浓厚的兴趣，是因为超导太吸引人，它的发展前景无可估量。

大家知道，目前的输电线路都有热损耗，因为输电线有电阻，电阻发热与电流的二次方成正比。为了改善这种状况，使电阻值能降下来，比如加粗输电线，虽可降低电阻，但要浪费大量铜资源；或是升高电压，但远距离高压输电热损耗仍然很大，不能从根本上解决问题。据计算，现在的输电方法有 30% 的能量是通过热损耗被浪费掉的。而超导体电阻为零，电流通过超导材料没有热损耗，用很细的导线就可以通过很大的电流，也不必再采用高压输电方法。日本东京大学新领域创成科学研究系的北泽宏一教授梦想利用超导技术建立"超导全球电力网"。

"超导全球电力网"有两大优点：一是可以弥补因昼夜、季节而异的电量差。只有发电力保持恒定，发电效率才高。但实际上，白天比晚上、夏季比冬季用电量要多，差距最大时，夏季白天与冬季晚上所需电量相差可达 4 倍左右。这时，超导全球电力网就可派用场了。以东西方向看地球，地球的一半是晚上、一半是白天；以南北方向看地球，地球的北半球处于夏季时，南半球即处于冬季，若整个地球的电力网连接起来，由于电力需求近乎恒定，发电效率会最高。而要将全球电力网连接起来，除了超导材料外，没有更合适的材料了，否则，连接起来的导线所产生的热阻消耗是无法估量的。二是可以利用庞大的自然能。太阳光强烈照射的广大沙漠，适合利用太阳能发电；大陆沿岸等处常有大风，适合风力发电。但是这些发电方式受到输电线距离的制约，均难以成为现实。如果利用超导电缆传输，不仅无输电距离的限制，输电损耗为零，这种电力网如能建成，太阳能、风能所转化的电能供给社会应用将有最高的利用效率。日本东京电力公司已与其他公司合作开发超导电缆，数年后将推出实用化的超导电缆。按照这样的进展，或许若干年后真能圆北泽宏一教授的"超导全球电力网"梦。

在运输方面，利用超导材料可以制成超导磁悬浮列车，这种列车被超导材料产生的强磁场悬浮起来，不与钢轨接触。车一启动，时速即可达到 50 千米，跑过几十米距离后，列车便在钢轨上悬浮起来，时速可达 550 千米，前进的阻力只有空气。如果将空气阻力也消除掉，可以设置真空管道，让列车行进在真空管道里，此时速度可达每小时 1 600 千米。

超导技术还在电子计算机领域（运算速度可由上亿次提高到每秒几百亿次甚至更高）、能源领域（超导发电机、超导变压器、超导电缆等）、医学领域、基础科学研究领域、受控热核反应等领域里取得更多的辉煌成果。

（吴　沅）

非晶态变压器节能

~~~~~~

    电力变压器自 1881 年发明至今已经有 100 多年了。在大多数情况下,电能的电压等级自发电站到用户,至少要经过 5 级变压器方可输送到低压用电设备(380 伏 /220 伏)。虽然变压器本身效率很高,但因其数量多、容量大,因此总损耗仍是很大的。据估计,我国变压器的总损耗占系统发电量的 10% 左右,如损耗每降低 1%,每年便可节约上百亿度电,因此降低变压器的损耗是势在必行的节能措施。

    现在大多数变压器都是采用硅钢片做铁芯,由于它在电流交变中会产生涡流损失,因此这一部分电力还没有派上用场就白白地损失了,这种损失叫无功损失,也叫铁损。欲减少无功损失,必须改变变压器的铁芯材料。1967 年,美国加利福尼亚大学的波尔·杜维茨教授研究出一种非晶态金属。这种金属的内部结构像玻璃那样呈非晶体态，因此叫玻璃金属或非晶态金属。用它来做变压器铁芯时，无功损失特别小，只有普通硅钢片的1/4～1/5，因此大大节约了能源。

在日常生活中，人们接触的材料一般有两种：一种是晶态材料，另一种是非晶态材料。所谓晶态，是指材料内部的原子排列遵循一定的规律，而非晶态则是材料内部的原子处于无规律状态。像食盐、宝石等是晶态材料，而木材、纺织品、玻璃等属非晶态材料。以往我们认识的所有金属，其内部原子排列有序，都属于晶体材料。

怎样才能使晶体金属材料变成非晶体呢？科学家们发现，金属在熔化后，内部原子处于活跃状态，一旦金属开始冷却，原子就会随着温度的下降而慢慢地按照一定的晶态规律有序地排列起来，形成晶体。如果冷却过程很快，原子还来不及重新排列就被凝固住了，那么所得到的固体金属，就是非晶态金属。可见，产生非晶态金属的技术关键之一，就是如何使金属快速冷却的问题。

制备非晶态合金采用的是一种快速凝固的工艺。将处于熔融状态的高温钢水喷射到高速旋转的冷却辊上，钢水以每秒百万度的速度冷却，仅用千分之一秒的时间就将 1 300 ℃的钢水降至 200 ℃以下，便形成了非晶带材。用于制造变压器的典型的非晶态合金含 80% 的铁，而其他成分是硼和硅。

近年来世界各国都在积极研究开发非晶态金属材料。

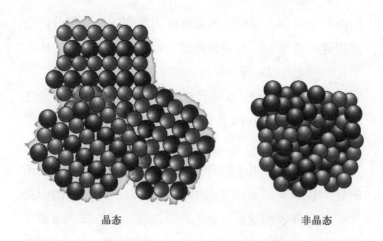

晶态　　　　　　　　　　　　非晶态

1979 年，美国麻省理工学院采用非晶态合金制作了 15 千伏安的干式变压器。美国电力公司立即投入产业化生产，用非晶态合金生产了几万台新型变压器，到各地进行试用。结果证明不仅能够节省能源，而且在不影响性能的条件下，可大大降低变压器的重量。比如，用铁基非晶材料制作 400 赫兹、3 千伏安的电源变压器，使变压器的体积减小了 17%，重量减轻了 46%，无功损失降低了 68% ～ 87%，激磁电流降低 80% ～ 86%，并使变压器因无功热损失造成的温度升高降低 50% ～ 60%，能源利用率高达 98.5%。用铁基非晶态材料制作 8 000 赫、500 千伏安的中频变压器，铁芯由原来的 45 千克降低到 10 千克。

　　日本也很重视用非晶态材料来节约能源的研究。1982 年，日本试制了 30 千伏安的高压油浸非晶态变压器，但日本在产业化应用方面的进度不如美国。据日本的能源专家称，目前日本各地使用的变压器大部分仍然使用硅钢片铁芯。如果将硅钢片换成非晶态铁芯，由此节省的电力可以满足 100 万户的家庭用电。

我国在 20 世纪 80 年代初期进行了非晶态合金变压器的研究，并于 1986 年研制了 30 千伏安的非晶态铁芯变压器。

有人估算，如果把我国现在的变压器、电动机所用的硅钢铁芯全部换成非晶态合金材料，每年可节电 450 亿度，经济效益超过 200 亿元。这意味着每年可以减少燃煤消耗 1 900 万吨，减少二氧化碳等废气排放 4 500 多亿立方米。

（周　载）

陶瓷发动机节能

1990 年 8 月的一天，一辆"钱江"牌大客车进行了从上海到北京的往返运行试验，获得了成功。这辆车虽然貌不惊人，但是它的心脏——发动机，是我国研制的第一台无水冷陶瓷发动机。它的研制和试车成功，标志着我国成为继美国和日本之后，第三个进行陶瓷发动机路试（行车试验）的国家。

无水冷陶瓷发动机之所以引人关注，是因为在发达国家中，消耗原油的数量大得惊人，而其中用于交通运输方面约占 42%。长期以来，人们在所用的常规发动机中，喷入汽缸的燃油燃烧后所产生的热量，约只有 40% 转变成机械能，有 20%～30% 由汽缸盖、汽缸套传给冷却水排出，其余热量由排气和润滑油带走。

有关专家认为，有三条途径可节约燃油，提高热效

▲ 陶瓷发动机

率：一是提高发动机效率；二是减少发动机机械零件之间的摩擦；三是取消发动机空气或水冷却系统。而采用陶瓷材料制作发动机，不仅可以提高发动机效率，而且还可以取消发动机的冷却系统。

过去汽车发动机的汽缸都是用合金钢制造的，这种汽缸的工作温度为1 000 ℃左右，而且还要用循环水冷却，否则汽缸将受热变形。若降低工作温度，就会由于燃料不能充分燃烧而造成能源浪费。后来，科技人员发现，如采用耐热的陶瓷代替合金钢制造陶瓷发动机，其工作温度可达1 300～1 500 ℃，并且可不用冷却系统，这样便可节省30%的热能。

可用于制造发动机的陶瓷有氮化硅陶瓷和碳化硅陶瓷，这两种陶瓷耐高温、抗氧化、抗腐蚀、硬度大，本身具有润滑性、耐磨损，能抵抗冷热冲击。发动机用陶瓷制造，提高了发动机的工作温度后，可使燃料充分燃烧，排出的废气中的污染物成分大大减少，如排出的氮氧化物可减少到三分之一，这不仅降低了能源消耗，而且减少了环境污染。陶瓷材料的热传导性比金属低，这使发动机的热量不易散发，又可节省能源。当然，陶瓷发动机可不用冷却系统，这是主要的节省能源的途径。

陶瓷发动机不用水冷系统，不仅仅可以节省能源，还可简化发动机的结构，减少发动机的故障率（过去约有 20% 的发动机故障与冷却水系统有关）。另外，无水冷陶瓷发动机若安装到在高寒及沙漠等缺水地区行驶的汽车上，可为使用带来很大的方便。

从制造成本来看，陶瓷原料供应丰富，不存在资源紧缺的问题。用陶瓷代替镍基、钴基耐热合金，成本可降低到原来的 1/30。

陶瓷发动机可以说是价廉物美的新产品，为此，世界各国都很重视对陶瓷发动机的开发研究。20 世纪七八十年代，美国、德国、日本、中国等先后开始研究用于发动机的高技术陶瓷。我国在"七五"期间及其后的一段时间（1980～1990 年），有数十个单位在国家科委的组织下，协同攻关，研制成一系列陶瓷发动机的关键零部件。到 90 年代初，有些零部件，如电热塞、涡轮塞镶块、增压器涡轮轮子、气门座等已投产使用。

但是到目前为止，陶瓷材料在发动机上的使用率仍然不高，尤其是整体陶瓷发动机的研制开发和产业化投产还有一定距离。究其原因，主要是需要进一步提高陶瓷材料的综合性能和可靠性，以及需要解决一些陶瓷制作工艺上的技术问题，如陶瓷喷涂和陶瓷的无损检验等问题。

欲提高陶瓷材料的综合性能可有两条途径：一是用陶瓷涂层技术，另外是用复合材料。陶瓷涂层技术可用离子喷涂工艺喷涂二氧化铝、碳化钛、二氧化钛等陶瓷涂层。目前的问题是如何进一步提高涂层的厚度。陶瓷复合材料的种类则十分广泛。更有纳米陶瓷材料，它是材料领域的新宠。2003年，我国摩托车行业中推出了"纳米金属复合陶瓷发动机"，在业内引起了轰动。

（周　载）

电热膜加热技术

电热膜是近几年来刚刚兴起的一种热辐射型的加热产品，它的基本原理是利用具有导电性和一定电阻的膜材料，在通电后，电能转变成热能而发热。电热膜的使用温度根据膜材料的不同，可有不同的使用温度范围，一般低温在 100 ℃以下，而高温则一般在 300 ℃以下使用。高温电热膜技术的工作温度，有的可提高到 600 ℃以上。

电热膜技术可以应用在建筑、工业、农业、交通、军事、家用等各个方面。

在建筑方面，可以用于住宅小区、宾馆、写字楼等各种建筑的采暖设施。建筑物应用电热膜辐射采暖，可把电热膜安装在墙内，有的安装在地板内，有的安装在吊顶天棚内。用电热膜采暖代替锅炉供暖的优点很多，比如可解决锅炉采暖的污染，可不用室内的暖气管路，并取消了住宅楼内的水暖管道井和暖气片。采用电热膜取暖，温度可以控制和调节，还具有节能、节水、造价低、免维修、计量方便、运行安全可靠、施工简便等优点，而且解决了采暖收费难的问题。因此，近年来我国北方地区已在推广使用电热膜采暖技术，如北京和东北地区有些小区和宾馆已经安装了电热膜采暖设施。

在工业上，电热膜可用于罐体、管道、库房、生产线、仪器、设备及各种设施的加温防冻。

农业上可用于恒温育雏箱、花房、蔬菜大棚、草坪育种土壤的蓄热保温等。

电热膜的制造方法由于膜材料的不同而有所区别，但一般说来都比较简单，如低温电热膜供暖系统是一种通电后能发热的半透明聚酯薄膜。它的制造方法是将可导电的特制油墨、金属条，经印刷后热压在两层绝缘聚酯薄膜间，便制成了纯电阻式的发热体。再配以独立的温控装置，便成为一种卫生条件和舒适标准都比较高的供暖系统。

低温辐射碳纤维电热膜是由两端覆有金属电极的上层绝缘薄膜、黏附有碳纤维层的中层导电薄膜（碳纤维具有导电性），及下层绝缘薄膜复合而成。其制备方法有以下步骤：选择适当电阻率的碳纤维，将其切断至合适的长度，然后装入振动筛中，调整振动筛的沉降量（筛落碳纤维的数量）及辊轴转速，使其沉降分布密度控制在预定范围。同时，把浸渍处理过的薄膜通过碳纤维的沉降区，使碳纤维均匀地沉降在薄膜上，并被黏附。通过辊压，黏附有碳纤维的薄膜与另一条辊线上的薄膜复合（该薄膜两端敷有电极）。复合薄膜经过热压固化后便成为导电薄膜。该制备方法简便、成本低、效率高，可小批生产，更可以大批大量地投产。

纳米电热膜的制造，是将纳米电热涂料与石墨进行混合，然后将混合物涂在基板上。

电热膜由于具有诸多优点，并且应用广泛，故科技人员不断地进行探索，开发出名目繁多、性能不断提高的各种电热膜。

金属电热膜元件是将金属箔制作成各种电阻线路，并将其夹在两层绝缘薄片之间形成的电热元件。金属箔是一种特殊的合金材料，厚度仅为 10 ～ 50 微米。绝缘层可根据加热温度和使用环境等条件选取。元件尺寸可以小到几十平方厘米，大到几平方米，甚至能以 600 毫米的宽度成卷生产。

金属电热膜的优点是使用温度高，使用寿命长。金属膜电热元件的使用寿命为传统电热丝加热元件的 10 倍。热效率高，一般都在 90% 左右。无明火，使用时安全可靠。外形可选择，使用范围广。金属电热膜的厚度一般为 0.3 毫米左右，可以做成平面状，也可以做成其他各种形状，可使产品小型化、轻量化、薄型化。

另一种耐高温电热膜可耐 600 ℃以上的高温。这是由于该产品在涂层的组分及配方上有所突破而创新的。耐高温电热膜可用于制造超轻、超薄的小型电热元件、电热玻璃器具、电热陶瓷器具、设备局部加热电热涂层等。该产品的使用寿命可达 5 000 小时，而成本仅为 0.2～1.0 元/平方米。

透明电热膜是最近研制成功的新产品，它的主要特点是可见光相对透过率达 80% 以上、耐酸碱，目前被广泛应用于家用电热器、食品加工、管道防冻、汽车窗防霜除霜等行业。

四川省的一家研究机构开发出的超薄电热膜技术，是经过特殊工艺处理后，在石英、硼硅玻璃等耐热材料表面形成一层透明的金属氧化物半导体薄膜，厚度不超过 0.2 微米。由于这种产品具有特殊的光电、电热物理性能，故应用前景极为广阔，不仅可用于工业、农业、日常生活中的光电、电热产品，还可用于航空航天、军事、科研等领域，所以越来越引起人们的关注。

（周　戟）

节能住宅畅行欧美

～～～～～～～～～～～～～～～～～～～～～

位于英国伦敦西北的沃特福德市，坐落着一座特殊住宅——节能概念房。这是一幢示范性的民居，取名为"梦幻住宅"。它除了具有符合 21 世纪环保和智能标准的要求之外，还具有最大限度节能的特点。

住宅西南侧建有大暖房，东北面是落地百叶窗。大暖房保护住宅的热量不致散发，接地百叶窗能调节室内外热量的流动，确保卧室冬暖夏凉；同时，地板层内的温度交换机可提供室内热量，热源由热泵从地下提取。室内照明采用钨和卤素低压荧光节能灯。

住宅还特别注重对太阳能的利用。建在屋顶的太阳能热水器为住宅提供热水；而光伏电池板与小风力发电机则产生电能驱动通风系统和为各种家用电器供电。

住宅的节水设施也十分完备，它由一个废水处理系统将洗澡用水等废水排放到地下水箱，经生物处理后再用于冲洗马桶，而收集雨水的贮水池则用于庭院的绿化灌溉和洗车。

这一住宅向人们展示的是 21 世纪英国环保节能型住宅的一种新理念。虽然目前这栋住宅还只是供参观的概念住宅，尚未批量进入住房市场，但其传达出的节能概念却给人留下了深刻印象。

目前，欧美国家的政府为使节能住宅成为未来建筑的发展趋势，提供了政策优惠。欧洲一些国家，在为建造节能建筑的建筑商提供资金和税收优惠的同时，也颁布了一些严格的条例，对节能建筑所使用的材料及电器都制订了标准要求。

英国建筑师邓斯特说："节能住宅的关键之处在于'智能设计'，尽可能用最简单的方法使能源得到最大程度地节约。"据邓斯特介绍，目前世界各国的节能住宅虽然各有特色，但这些房子里都安装了各种各样的节能设备和节能系统，其中包括：

▼ 节能住宅

太阳能电池板：它可以把太阳能转化为电能。它安装在屋顶后，便可以吸收太阳光，把太阳能转化成电能，整栋房子的电力供应便来源于此。

隔热屋顶：在夏天，屋顶的温度可高达 50 ℃～60 ℃。为了防止屋顶外的热量传导到屋内，屋顶可铺上一层泡沫板。此举可使室内自然温度降低 2 ℃～3 ℃。

保温外墙：里层是承重墙，中间是空气层，内置具有保温、防水、反光特性的材料，最外层是轻质墙体材料。这种外墙可以阻止屋外的热气进入屋内，因此，空调机在这里几乎就没有用武之地了。

低辐射玻璃：这种玻璃可以有效地调控进入室内的光线。当室外温度高于室内温度时，玻璃自身的红外线透过率开始下降，从而阻止太阳能辐射进入室内。当室外温度下降时，玻璃会让更多的太阳光线进入室内，使室内的温度不会发生太大变化。

我国的"生态能源房"是由上海交通大学太阳能研究所建造的。该节能房包括 4 千瓦的太阳能电池、1 千瓦的风机、10 平方米的太阳能集热器和 2 千瓦的地温热泵等。这些绿色能源向生态能源房供电、供热和供冷。其中太阳能和风能发出的电能充入蓄电池，并由逆变器变成 220 伏电能，向室内的照明灯和家用电器供电。2 千瓦的地热泵用井水循环，可对室内供冷、供热。而 10 平方米的太阳能集热器可为室内 24 小时提供热水。这样的生态能源房完全适合于家庭居住，被认为是对未来住宅的有益探索。

我国第一幢农村节能住宅，同时也是生态住宅，坐落在浙江省唐光镇金畈村。这是一幢用玻璃马赛克装饰一新的三层平顶楼房。住宅地下建有沼气池、过滤井、净水井；底层设有工业生产用房；二层楼建有厨房、卧房、客厅和卫生间；三层为学习、娱乐和科研用房；屋顶按防渗漏标准施工后，上面培土 20 厘米，建成屋顶高质量菜园。在屋顶还建有一沼肥贮存池，它用来贮存用小水泵从地下沼气池中抽上来的沼液，这是一种优质的有机肥。

　　这幢能源生态住宅，以沼气为纽带，厨房废水、有机下脚料、人粪水等用循环管道自动流入沼气池。沼气池中产生的沼气，用来点灯、烧饭。沼渣做肥料，生活污水打上屋顶后浇菜。

（周　载）

地球治理与新能源

~~~~~~~~~~~~~~~~~~~~~~~~~~~~~~~~~~

地球是人类的摇篮和家园。人们赖以生存的一切物质产品的原材料都取自自然界。所有物质产品的原材料的来源，除了取自无机界（各种矿物、水和大气）就是取自生物界（农、林、牧、渔）。大自然是慷慨的，但它只垂青于有智慧的人。人们凭着智慧向大自然索取。人类的智慧创造了科学技术，科学指导技术，技术推动生产。正是由于社会生产力的发展才有了人类文明。

人们从事社会生产的目的，从原始社会到农业社会，再到工业社会，自觉不自觉地都是为了满足人们不断增长的物质生活和精神生活的需求。因此，作为第一生产力的科学技术，必然与之相应地也是为人类社会的生产、生活服务。千百年来都是如此。

但是当人类社会进入工业社会后期，尤其是进入信息社会时，情况发生了根本性的变化。在信息社会，由于科学技术和社会生产力的飞速发展，从生活层面上看，一方面人们的生活水平快速提高，在发达国家和发达地区，已远远超过了小康水平，进入了高生产、高消费的层次。生活上挥霍、浪费、豪华、奢侈成为习惯。另一方面，由于人们大量地、无休止地向大自然索取，地球不堪重负，出现了严重的地球环境危机：地球资源匮乏危机、环境污染危机、生态失衡危机、自然灾害加剧危机等。

再从社会经济层面上来看，一方面，出现经济危机，这是由于社会生产力相对过剩，各国的社会失业率都大幅飙升。也就是说，社会上无事可干的劳动力越来越多。另一方面，人们却对地球危机束手无策。那么，能否把社会多余劳动力转向对地球的治理？

要想全面治理地球，克服地球环境危机，首先是人们的思想观念需要转变，也就是要转变社会生产的目的。今后的社会生产，除了继续满足人们不断提高的物质生活和精神生活的需要之外，更主要的是为了治理地球。当然，这两者并不矛盾，因为只有在治理好地球的前提下，人们的物质生活和精神生活才有基本保障。"可持续发展"的提出就是人们思想观念转变的开始。

欲维持"可持续发展"，靠的是高新技术，只有用高新技术来治理地球，才可能达到可持续发展的目的。

治理地球，维持"可持续发展"，能源是"主角"之一。欲治理地球，新能源、机器人、新材料、基因工程、信息技术、空间技术，六者缺一不可，其中新能源又是重中之重。

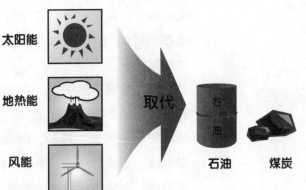

比如，欲克服地球资源匮乏危机，首先需解决能源危机。当太阳能、地热能、核聚变能等无污染的取之不尽、用之不竭的可再生能源产业化大生产时，其他资源危机也随之迎刃而解。如水资源，大海中的水也是取之不尽用之不竭的，但却必须使之淡化后方能用于生产和生活。淡化海水的技术早已解决，所需要的就是能源。一旦能源便宜了，就可以从大海中通过海水淡化取得大量便宜的淡水。其他矿物资源也是如此。各种金属、非金属元素，在地壳中的蕴藏量与人们生产、生活所需的用量相比，都高出好几个数量级，关键是如何富集和开采。当然，提高技术是一个方面，另一方面就是能源消耗。当有了大量的廉价能源供应时，资源开采的深度和广度便能大为扩展。再则，克服资源危机的另一条途径是资源回收，资源回收除了技术外，也需要消耗能源。

又如，欲克服地球环境污染，大力开发无污染新能源是"釜底抽薪"的好办法。燃烧矿物燃料是大气污染的罪魁祸首，以无污染新能源取代矿物燃料，便消除了大气污染的祸根。至于水污染、废渣、垃圾等的环境污染的消除，除了技术需要过关外，也需要消耗能源。只是在某些情况下，在消除污染的同时还能生产出能源，如垃圾发电。

再如克服自然灾害，则与能源的关系更大。自然灾害都是自然界不可控能量的大爆发，若是能把不可控的能量转化成可控的能源，便是消除自然灾害的过程了。如水灾、旱灾、风灾、寒潮、热浪等都是因为太阳能的不谐调，而火山喷发、地震等则是地热能的肆虐。如何化害为利，都是能源开发的任务。

至于地球生态危机、土地沙漠化等也与能源有关。如防止土地沙漠化和绿化沙漠，关键在于淡水灌溉。有了廉价的无污染能源，就是有了淡水。有了用不尽的淡水，就能绿化沙漠，变沙漠为良田。

（周　载）

海水淡化与新能源

～～～～～～～～～～～～～～～～～～～～～～～

　　水是生命之源，淡水是人类生存的必要条件。但是在地球上，可供人类直接利用的淡水资源却很有限。地球实际上是个"水球"，地球上的总储水量若把地球整个包起来，可达 3 000 米深。但其中 97.2% 是海水，陆地水（淡水）仅占 2.8%。而陆地水，又有约 70% 在南极、北极和雪山冰川，实际可供利用的淡水只占总水量的 0.64%。这有限的淡水的来源主要靠降水。

　　随着工农业生产的发展和人类生活水平的提高，对淡水的需求量不断增加。据统计，从 20 世纪初到 70 年代中期，全世界农业用水增长了 7 倍，工业用水增加了 20 倍。目前已有约 90 个国家和 40% 的人口面临缺水危机。

　　面对波及全球的水荒，为了寻求淡水资源，许多国

多级闪蒸法 ▶

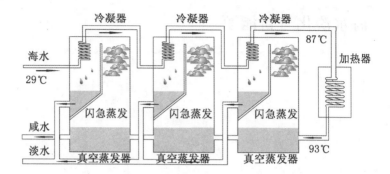

家采取了不少措施，有的广采地下水，但过度开采又会造成地面下沉和海水入侵；有的将污水净化重复使用；有的就近引水或跨流域调拨，像我国的"南水北调"等；有的在河口建立水库，最大限度的保留和利用淡水。但这些办法都属于节流，不能增加自然界的淡水量，难以满足人们生活水平的提高和工农业生产发展对淡水的需求。于是，人们想方设法"开源"，把目光转向了占全球水源97.2%的海洋。

千百年来，人类一直寻找把海水变成淡水的办法。我们知道，海水含盐量很高，平均在3.5%左右，而日常生活用水的含盐量在0.05%左右，工农业用水的含盐量有的可以稍高一些，但也不能高于0.3%。要使海水变成淡水，就要脱掉海水中的盐分。这种除去海水中的盐分而得到淡水的过程，叫作海水淡化。

海水淡化的方法到目前已经有20多种，主要有蒸馏法、电渗析法、反渗析法、冷冻法等。

最早使用的是蒸馏法。海水受热后会变成水蒸气，水蒸气遇冷后凝聚成水珠，汇集成淡水。这就是蒸馏淡化最基本的原理。蒸馏法装置的类型有单级闪蒸法、多级闪蒸法、薄膜竖管式、浸管式等，其中多级闪蒸法无论其装置数量还是造水能力，均居首位。

大家知道，水在常压下，要到 100 ℃才沸腾，但若降低气压，水不到 100 ℃也可以沸腾，压力越低，沸点也越低。如果蒸发室保持在低压真空状态，引入经过加热器加热的海水，海水通过蒸发室后就能很快蒸发，蒸汽迅速逸出海水，这就叫闪蒸。蒸汽上升后遇到刚刚输入冷海水的水管，则迅速凝结成水滴，变成淡水；与此同时，冷海水管中的海水由于蒸汽的加热又升高了温度。如果把多个蒸发室连在一起，不仅能使进入的冷海水经过多个蒸发室不断加温，而且在多个蒸发室中依次降低压力，依次出现蒸发，这样既节省了燃料，又增加了淡水。这个把多个蒸发室连接起来进行蒸馏产生淡水的方法叫"多级闪蒸法"。

与其他方法相比，多级闪蒸法的优点是可以充分利用低温热源，热利用率高，产生的水量较大，且成本低，设备结构简单，操作方便，运行可靠，操作和维修费用较少。目前，国内外已投产的海水淡化厂，大多采用多级闪蒸法生产淡水。

电渗析法的基本原理与蒸馏法正好相反，蒸馏法是把淡水从海水中提出；而电渗析法是把盐从海水中取走。电渗析法是利用海水的导电性，在电渗槽中通上直流电，并插入多组阴阳离子膜。这样，海水中的盐分被电离后，分别向阴、阳极移动。在此过程中，阴、阳离子分别被阴、阳离子膜阻挡，而从膜间室中流出。脱盐后的淡水便可用专门的管道引出。

实用的蒸馏法海水淡化装置早在19世纪末20世纪初就已在航海的船上使用。20世纪30年代初，在发现石油的中东地区开始设置小型海水淡化设备。海水淡化产业从20世纪50年代后开始有较快的发展。

当前，海水淡化存在的主要问题是成本高。淡化海水的主要成本费就在于能源的成本。因为不管是用蒸馏法还是用渗析法淡化海水，能源的消耗都很大。一旦各种新能源的开发技术进一步提高，并投入产业化大生产，便可使能源的生产成本大为降低。若有朝一日，新能源的电价能大幅度地低于当前电价，那么淡化海水的成本便可大大低于目前生产自来水的成本。也就是说，向大海要淡水的关键就在于能源的价格。

（周　载）

绿化沙漠与新能源

〜〜〜〜〜〜〜〜〜〜〜〜〜〜〜〜〜〜〜〜

　　沙漠能否改造成良田？公元前 8000 年到公元前 2000 年是地质年代的潮湿期，那时的撒哈拉并不是如今的满目黄沙，而是一片辽阔的大草原。草原上泉水叮咚，溪流潺潺，雨量充足，草木茂盛，适合于飞禽走兽生存。肥沃的土地也哺育了这片土地上的人们。到了公元前 4000 年，撒哈拉地区的人民已经开始饲养牲畜，他们劳动耕作，创造了繁荣而灿烂的远古文化。

　　然而，曾经昌盛一时的撒哈拉文化，在非洲、在地球上却彻底地消失了。昔日辽阔的大草原竟然演化成全球最大的沙漠！既然草原可以变沙漠，那么沙漠为什么不能还原为草原呢？关键就在于淡水灌溉。

　　所谓绿化沙漠，就是把沙漠改造成草原、森林和耕地等能生长植物、有肥力的土壤。土壤生长植物靠的是土壤的肥力。肥力是指土壤能不断地供应和调节植物生长过程中所需要的水分、养分、空气和热量的能力。

土壤的组成包括矿物质、有机质、水分和空气，当然还需要阳光，土壤才能生长植物。按容积来说，适于植物生长的土壤约含 50% 的孔隙，其中土壤空气和土壤水分各占 25% 左右（空气和水分的比例是经常变动的）。土壤的固体部分约占 50%，主要是矿物质和有机质。

矿物质是土体的物质基础，矿物质风化分解后释放出植物生长所需的钾、磷、钙、镁等养分。土壤有机质的含量约占固体体积的 12% 左右。土壤有机质包括遗留在土壤里的生物残体，以及经过土壤微生物（细菌、真菌、藻类等）的生物化学作用所形成的腐殖质等。

沙漠与土壤相比，沙漠中矿物质、空气、阳光都不缺，主要是缺淡水和有机质。为此，欲绿化沙漠，把沙漠改造成良田，就需要大量的淡水灌溉和增加有机质以提高土壤的肥力。

用淡水灌溉沙漠，问题是地球上的淡水资源原本就紧缺，只占地球总水量的 0.64%。若需要大量的淡水用于大面积地灌溉沙漠，即使开发地下水也是不够用的。那么，只能向大海要水，通过海水淡化获取用之不尽的淡水。好在海水淡化在技术上已经成熟，可用多级闪蒸法和电渗析法等生产淡水。目前的关键问题就在于淡化海水的生产成本价格太高。

有机质的来源有城市生活垃圾、农村农作物秸秆、江河湖泊底层的淤泥和有机废水等。城市生活垃圾中通

常含有 25% ～ 30% 具有一定价值的生物降解物，可作为有机肥；江河湖泊底层的河泥、湖泥由于水生生物的不断沉积，使其中包含着大量的有机物，成为肥力丰富的沃土；工业废水中有些是有机废水，如食品厂、制革厂、酿酒厂、造纸厂等排出的废水中都含有大量的有机物。若想节省有机物的运输费，也可在沙漠就地生产有机物。日本科学家在科威特沙漠成功地做了试验，仅用了两个普通游泳池大小的培育池，在半年中竟生产出 37 吨蓝藻，用这些蓝藻提炼液可制成调味剂，其残渣就是很好的有机肥了。

看来，欲绿化沙漠，有机质的来源是不成问题的，关键在于淡水灌溉，而淡水的来源主要靠海水淡化。能否大量地通过海水淡化来生产淡水，又取决于能源的价格。A 决定于 B，B 决定于 C，这样 C（降低能源的价格）就成了能否绿化沙漠的关键了。

那么，怎样才能使新能源的价格大幅度地下降呢？那就得靠太阳能、地热能、风能、海洋能等新能源的开发技术的不断提高。因为这些新能源原本是大自然免费赐给人们的。所谓"价格"，只是人们在开发这些新能源时所花的"劳动量"而已。开发的技术越高明，开发过程中花费的人力物力就越少，价格便能降下来。

（周　载）